21世纪烹饪专业精品规划教材

食品雕刻与围边工艺

主　编　吴忠春

副主编　金晓阳　郑　力

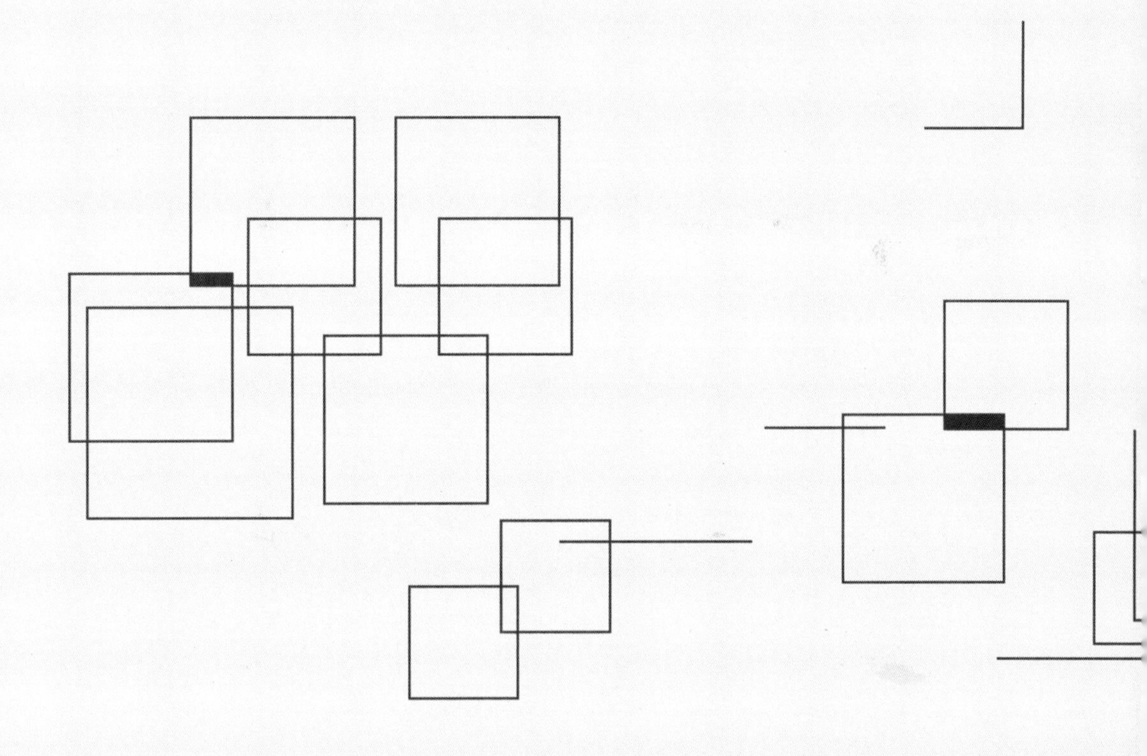

图书在版编目（CIP）数据

食品雕刻与围边工艺/吴忠春主编. —杭州:浙江大学出版社，2017.9（2025.1重印）
ISBN 978-7-308-17034-5

Ⅰ. ①食… Ⅱ. ①吴… Ⅲ. ①食品雕刻—教材 Ⅳ. ①TS972.114

中国版本图书馆CIP数据核字(2017)第148258号

食品雕刻与围边工艺

主　编　吴忠春
副主编　金晓阳　郑　力

责任编辑　王元新
责任校对　徐　霞
封面设计　春天书装
出版发行　浙江大学出版社
（杭州市天目山路148号　邮政编码　310007）
（网址：http://www.zjupress.com）
排　　版　杭州林智广告有限公司
印　　刷　绍兴市越生彩印有限公司
开　　本　787mm×1092mm　1/16
印　　张　14.5
字　　数　102千
版 印 次　2017年9月第1版　2025年1月第10次印刷
书　　号　ISBN 978-7-308-17034-5
定　　价　59.00元

浙江大学出版社市场运营中心联系方式：0571-88925591；http://zjdxcbs.tmall.com

前言

FOREWORD

食品雕刻是中国传统的手工技艺，广泛用于宴会装饰和菜肴点缀，近年来发展十分迅速，工艺技巧上大量吸收了玉雕、石雕、木雕等技术，成为烹饪从业人员必须掌握的技能之一。本教材在编排中以能力为本，由浅入深、循序渐进地展示步骤，尊重学生的认知水平，根据高职学生的学习规律及行业岗位的实际需要，合理规划学生应具备的知识与能力，突显了高职教育的特色。本书在以食品雕刻为主线的基础上，又增加了糖艺、盘饰、围边等工艺，使学习内容更为多样和深入。本书既是一本适合各级职业院校烹饪相关专业学生学习的必备教材，也是烹饪从业人员的实用工具书。

本人是烹饪大师刘海波先生的入室弟子，很早就随师父学习食雕、冷拼技术，同时自己还坚持学习国画、糖塑和插花技艺。在2016年G20杭州峰会上，我和我的团队负责主宴会台面的设计与雕刻作品，娴熟的刀法和富有新意的作品得了首长的认可与宾客的一致好评。本书中的作品除注明作者外均由本人亲自操刀制作完成，这些作品既继承了传统又不墨守成规。

本教材的编写得到浙江旅游职业学院领导的关心与支持，由吴忠春担任主编，金晓阳和郑力担任副主编，历时两年完成。郑力负责食品雕刻基础知识篇的撰写，吴忠春负责食品雕刻、围边制作实例与欣赏、雕刻作品欣赏篇的撰写，金晓阳负责全书统稿和展台作品欣赏篇图片的收集。

在教材的编写过程中，同时还得到了学院同事戴桂宝、沈昕苒等教师的支持与帮助，他们对本教材提出了许多宝贵的意见，在此一并表示衷心的感谢。由于时间仓促，水平有限，教材中存在错误之处在所难免，希望使用本教材的师生、广大同仁批评指正。

浙江旅游职业学院　吴忠春

二〇一七年三月

目录

CONTENTS

一　基础知识

二　食品雕刻

三　围边制作实例与欣赏

四 雕刻作品欣赏

五　展台作品欣赏

一 基础知识

JICHU ZHISHI

（一）食品雕刻的由来与发展

中国烹饪是我国传统文化中的一颗灿烂明珠，中国菜肴具有色、香、味、形、质、器、养并重的特点。中国烹饪不仅重视菜品的营养、味道和嗅觉感受，而且还把菜肴的色泽和造型这一视觉上的品貌放在十分重要的位置。果蔬雕刻，俗称“刻萝卜花”，在我国具有悠久的历史。据史料记载，食品雕刻最早起源于先秦时期，《管子》中便有“雕卵熟斫之”的记载；到了唐代，有“辋川小样”的花色菜，据说是模仿唐代诗人王维“辋川图二十景”制作的，它运用各种不同质地、不同颜色的的食物原料雕刻成景物，然后组合而成；到了宋代，在筵席上使用食品雕刻已经成为一种风尚，造型有花卉、动物等，花色品种较为齐全，《山家清供》中记载，谢盖斋命厨师将香瓜剖开做酒杯，在香瓜外皮上雕刻出各样花纹；明、清时期的淮扬瓜雕——“西瓜灯”是瓜雕艺术发展的鼎盛时期，在《扬州画舫录》中有“取西瓜镂刻人物、花卉、虫鱼之戏”的记载，其表现的内容、雕刻的刀法和作品的构思都达到了一个新的高度。随着历史的发展，餐桌上的食品菜肴开始讲求形态美，食品雕刻技艺也不断得到充实与提高，发展到今天，食品雕刻已经成为我国烹饪艺术中的一项宝贵遗产。它由来已久，源远流长，是我们先人在长期烹饪实践中聪明才智的结晶，是我国烹饪文化的精华之一。它融精神于物质，合艺术于菜肴，把艺术与食品巧妙地融为一体，是烘托宴会热烈气氛的重要手段，是中国宴席的美好内容之一。

到了近代，食品雕刻的造型讲究工整与技巧，运用切、割、剜、挖等技法，极尽美化之能事，务求美化原料的形象。食品雕刻借鉴了木雕、玉雕、牙雕等的创意与技法，已经成为一种独特的艺术。随着中外餐饮文化的交流，西式吹糖、糖粉塑、奶油裱花等欧美食品造型工艺的融入，食品雕刻原料选用的范围不断扩大，取材越来越广泛，其应用范围也在不断扩大。雕刻工艺日趋完善，表现手法更加细腻逼真，设计制作更加精巧。食品雕刻艺术在内容、形式、表现题材和雕刻技法等方面都有了新的发展和突破。饮食和旅游服务等行业组织的各级各类烹饪技能比赛已将食品雕刻作为一个单独的比赛项目进行竞赛、观摩、表演，使得这一技艺得到了空前的发展，涌现了一批高水平的优秀技师。名师、高手出类拔萃的手艺为我国这一传统技艺增添了光彩，老一辈技师精心传授、培养了一批又一批的新生力量，使我国这一传统技艺后继有人。

（二）食品雕刻的作用与特点

1.食品雕刻的作用

装饰宴席、渲染气氛是食品雕刻的主要作用，凡是具有吉祥含意、寓意美好的题材都可以用食品雕刻的形式表现出来。在菜肴制作中，食品雕刻能起到美化色彩、烘托装饰造型的作用。在宴席上，精美的雕刻作品能起到突出宴会主题的作用，宾主在享受美食的同时也能得到艺术的享受。

（1）美化与喧染菜肴的作用

在菜肴制作中，食品雕刻能起到丰富菜肴色彩，弥补菜点在色彩形态上的不足，从而达到提升菜点品质的目的。在筵席主菜上恰当地运用食品雕刻烘托、装饰造型，能起到突出主菜的作用，但食品雕刻不能喧宾夺主，只能起到锦上添花的作用。

（2）突出宴席主题，烘托气氛

食品雕刻能使宴席或菜点的主题突出。造型优美、寓意深刻的作品不仅使人获得视觉上美的享受，更能领悟到中国悠久灿烂的历史文化。优秀的食雕作品造型寓意宴席主题，使宴会增添热烈气氛。

（3）弘扬传统文化，促进烹饪全面发展

食品雕刻是中国烹饪艺术的一朵奇葩。随着我国改革开放与经济的飞速发展，人们的生活水平不断提高。当人们物质享受得到一定满足后，就会追求精神生活的享受，也就是俗语说的要从过去的吃得“饱”变成现在的吃得好，对菜肴的“色、香、味、形、质、器、养”等方面提出了更高的要求。顾客品位的不断提升促使餐饮业向更高层次发展，加强食品雕刻的研究与开发，对弘扬祖国烹饪文化起到积极作用。

2.食品雕刻的特点

食品雕刻与木雕、石雕、牙雕等雕刻艺术之间有着许多共通之处，但是，由于雕刻的原材料、工具及手法有所不同，因此也有着一些独有的特点，展现出了食品雕刻艺术的独特魅力。

（1）题材广泛、主题明确、构思巧妙。为了给宴席增添气氛，食品雕刻构思的形象除应适应饮食习俗之外，还应富有生活情趣，表现的内容往往能突出宴席和菜点的主题，给人以欢快、赏心悦目之感。

（2）选料讲究，以瓜果蔬菜为主。食品雕刻的一个非常突出的特点是：选用天然的瓜果蔬菜作为原料，除了利用这些原料价廉易得的特性外，还利用了它们的天然色彩。蔬果原料种类多样，脆性、韧性各不相同，颜色也丰富多彩，因此，进行食品雕刻时可根据所要表现的主题来选择质地、色泽合适的原料。在创作过程中由于原料质地、色泽的限制，在行刀过程中需运用夸张、概括、省略和替代等表现方法，做到用料与构思紧密配合，因题选料，因料施技。

（3）技术性强，受制于原料需在短时间内完成。食品雕刻的原料大多选用含水分多、脆性大、具有天然多彩色泽的瓜果和蔬菜类，这类原料在加工过程中水分流失较快，易于萎缩与变色。在加工过程中要采取有效措施，尽量延长原料的鲜嫩质感，因此更需操作者刀法熟练、手法到位，快捷、娴熟地完成作品的操作过程。

（4）刀具独特，锋利灵活利于操作。食品雕刻的刀具一般具有轻薄锋利、小巧灵便的特点。因雕品不同，运用的刀法、刀具也不一样，但各种刀具必须光亮不锈、刀刃锋利，轻便灵活。有的还需操作者根据需要自行设计制造。

（5）对操作者的要求较高。食品雕刻受原料、应用等因素的限制，具有及时性和使用一次性的特点。因此，最好是现用现雕，这就要求操作者刀法精湛、技艺纯熟，制作时需下刀准确，出刀干净利落。手法熟练。食品雕刻还要求操作者具备一定的艺术修养与美学知识，具备严格细致的工作作风，具备反复实践、刻苦学习的精神品质。

（三）食品雕刻的工具与刀法

俗话说："手艺好不如家什好。"要学好或者做好食品雕刻，必须配备好各种雕刻刀具。刀具的性能好坏与作品的质量高低有着直接的关联，特别是一些特殊工具的发明和使用在很大程度上促进了食品雕刻工艺的发展与提高。刀具越锋利，雕刻起来就越干净利落。食品雕刻的刀具以锋利、灵活为原则，宜轻薄而不宜笨重。常用的刀具大致分为切刀、刨刀、刻刀、戳刀、勾刀及模型刀六大类，材质以不锈钢刀具为最佳。

1. 切刀

切刀用普通中、西餐菜刀（亦称厨刀）即可。刀身宜薄，刃口长度18～25厘米。切刀主要用于大型原料的定形、切平接口、切段、切块等加工。切刀在食品雕刻中运用范围较广。对于制作大型作品时快速确定轮廓或找平拼接原料的粘接面使用，切刀可提高操作速度，并使原料间的粘接面牢固。

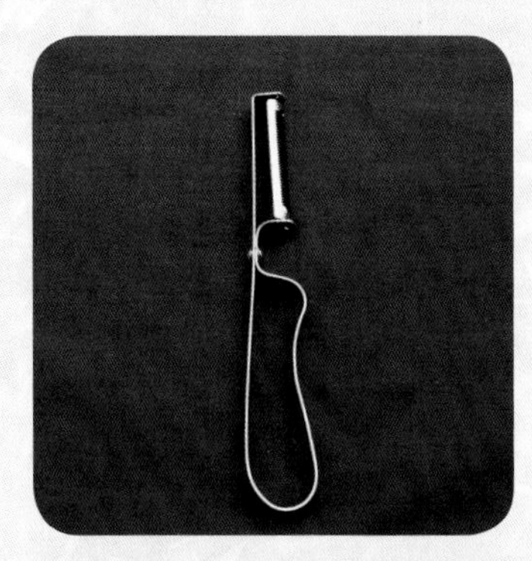

2. 刨刀

刨刀主要用于刨除瓜果蔬菜的皮，也可用于对加工面上的薄层进行少量修整。一般情况下，使用横刨刀或竖刨刀均可。

3. 刻刀

刻刀即雕刻主刀，也叫平口刀、手刀，是食品雕刻中最重要的刀具，刀刃长6～8厘米、宽0.8～1.2厘米。刻刀一般采用白钢、锋钢、锯条钢等硬度高且韧性好的钢材制作。刻刀刀身以窄而尖为好，刃口异常锋利，运刀时要求锋利流畅而转弯灵活。刻刀是加工绝大部分作品的必备刀具，用途广泛，亦称“万能刀”。根据刻刀开刃要求的不同，一般操作者需配备三把刻刀：第一把为斜口平面刻刀，其刀身较长，长形斜口尖刃，主要用于小料开坯、轮廓修整、面线加工及部分的刻制工作。第二把为平口刻刀。“比斜口平面刻刀稍短，为长形平口尖刃，刀身平薄、刀尖锐利，主要用于细节的制作，如鸟爪、花芯等。第三把为弯头弧背刻刀，其刀身中等长度，刃面的前端略呈内弯弧形，主要用来旋剜镂刻各种鸟类飞羽及花瓣叶脉等。

4. 戳刀

戳刀的特点是刀刃设在前端，使用时纵向驱刀，根据刃口形状与用途可分为圆口戳刀、三角戳刀和挑环刀三种类别。

（1）圆口戳刀。刀口呈U字形，按开口不同可分为8～10种型号。一般将刀口直径为0.2～0.6厘米的归纳为小号圆口戳刀，主要用来戳花心、旋戳动物的眼睛、刻制较细的羽毛和瓜盅上的花纹线条等。中号圆口戳刀用途较为广泛，刀口直径在0.8～1.4厘米，可以戳各种花卉的花瓣、鸟类的羽毛，以及各种圆形、弧形等部位。刀口直径在1.6～2.6厘米及以上的圆口戳刀属于大号，用途与中号圆口戳刀基本相同，在假山、花瓶及建筑类的雕刻中运用较多。

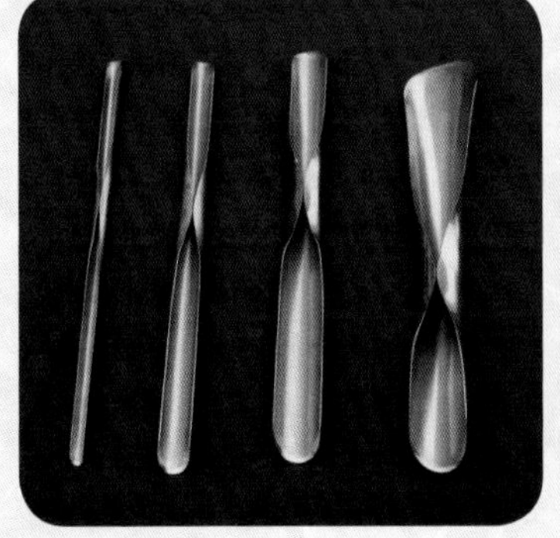

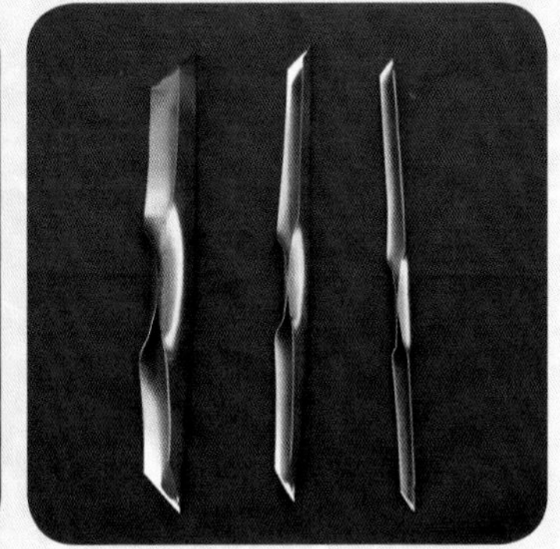

（2）三角戳刀。刀口呈V字形，有大小不同的多种规格。其戳出的线条呈三棱形，主要用于线条和鸟类尖形羽毛的雕刻，也可用于雕刻尖形花瓣的花卉。

（3）挑环刀。挑环刀又称拉环刀，主要使用刀口带钩的部分进行雕刻，是雕刻西瓜灯时起瓜环常用的刀具。

5. 勾刀

勾刀是一类运用比传统圆口戳刀、三角戳刀更灵活的刀具，可以处理戳刀和主刀无法达到的深度及死角，且处理过的表面光滑而不留死刀痕，可有效提高制作雕刻作品的速度。勾刀广泛应用于各种材料的雕刻，如果蔬、琼脂、豆腐、黄油等。根据形状与用途，勾刀可分为拉刻刀与掏刀两大类。

（1）拉刻刀。拉刻刀是一种既可拉线，又可刻形，还可刻形与取废料同步完成的食雕刀具，其特点是：雕刻速度快，雕刻的作品完整无死刀痕，特别适宜雕刻有起伏度的花瓣，鸟类身体的细节，动物的肌肉、骨骼、血管，人物的脸部和衣纹等。

（2）掏刀。掏刀一般用主刀改制而成，分大、中、小三种类型，广泛应用于戳刀、主刀无法处理的位置。掏刀可用于有深度的花卉、瓜盅的制作，动物雕刻中身体各部位的轮廓确定，动物肌肉块面和人物衣纹的处理等。

6. 模型刀

模型刀又称模具刀，就是用薄的不锈钢片，根据各种动植物的形象轮廓做出来的空心模型，其边缘有刀口，使用时将模具的刀口朝下置于原料上用力压下，然后切片备用。另外，还有压制字形与旋刻小圆球的勺形刀具等。

除上述刀具外，还需根据个人喜好和雕刻作品需要使用一些工具，主要包括水彩铅笔、小镊子、牙签、剪刀、水砂纸、502胶水等。这些都是提高操作效率、修补和粘接零雕组装类食品雕刻作品的必备工具。

正确掌握食品雕刻刀具的使用方法，对于初学者来说是十分重要的。如果开始学习时方法不正确并习惯了错误的方法，想要改正过来就很难。掌握正确的使用方法不仅能保证操作安全，更有利于学习运用各种刀法与手法。由于不同的人在用刀时的操作习惯不同，在食品雕刻刀具的使用方法上会有所区别。随着食品雕刻工具与技艺的不断发展，其使用的方法也会有所变化。但是基本的宗旨是不变的，那就是必须操作安全，并能使成品效果更好，同时操作者省时、省力并能节约原料。所以我们应该结

合自己的操作习惯与运刀手法找到适合自己的使用方法，然后多练习，达到用刀得心应手、灵活自如，操作过程快捷熟练、游刃有余的效果。

7. 主刀的使用方法

（1）握刀法。四指握住刀把（刀柄）使刀刃向内，拇指空开，在雕刻时抵住原料，起支撑、稳定作用。雕刻时靠收缩手掌和虎口，使雕刻刀压紧向里运动。这种握刀方法运刀的力量最大、最稳，但有时显得不够灵活。

（2）刻刀法。食指和拇指捏住刀身，其余三指作为支撑点，起稳定作用。雕刻时，靠拇指与食指的收缩来拉动刀身。这种握刀法的优点是：运刀非常灵活、精准，特别适用于雕刻细节的地方，是运用得较多的握刀方法。只是对于初学者来说，由于拇指与食指的力量不够，采用两指握刀法时常感觉力量不够，显得力量较小。

（3）持笔式握刀法。持笔式握刀法是一种类似握笔一样的拿刀方法。无名指或小指微微并拢、内弯，抵住原料，使运刀平稳，起支撑作用；刀把置于虎口，刀身贴放于中指第一关节；食指抵住刀背，拇指轻压在刀把和刀身连接处；主要靠拇指、食指和中指的收缩来运刀。刀刃一般朝向左边或朝向里面运动。

8. 戳刀的使用方法

戳刀的握刀方法就像握笔一样，拇指、食指和中指捏住戳刀的前部，无名指与小指抵住原料，起支撑作用。其雕刻过程是由手指和手腕配合用力完成的。在雕刻过程中，戳刀一定要压在原料上，运刀的方向是向外的。

9. 拉刻刀的使用方法

一般采用两指握刀法，如果初学者的拇指和食指的力量不够，采用两指握刀法雕刻时就会感觉力量不够，显得力不从心。在这种情况下，就可以在两指握刀的基础上再加上一根中指。

10. 空心模型刀和特殊雕刻工具的使用方法

空心模型刀是按某些动植物的形状做成的空心模型。操作时只需将其在原料上一压，就可取得一段成型的原料，再按需要切成不同厚度的片状即可。另外，对于如勺口刀、宝剑刀、圆柱刀、斜口刀等特殊雕刻刀具，这类刀具的种类很多，其使用的方法一般采用前面所述的几种刀具的使用方法。

11. 食品雕刻的主要刀法

食品雕刻是一门艺术，有着其特有的运刀要求与成型方法。由于雕刻作品类型的不同及原材料质地的差异，食品雕刻制作过程中需要轮番使用多种雕刻刀具，同时也要根据雕刻成型的需要，不断变化各种刀法和手法。有时，同一种雕刻工具为了雕刻的需要须采用多种雕刻手法。刀法、手法是食品雕刻最重要的基本功之一，每一位操作者都必须熟练掌握。

（1）切。切一般用平面刻刀或小型切刀来操作，其作为一种辅助刀法，很少单独用来雕刻成型。切刀法主要有直切、斜切、锯切和压切4种，主要用于雕刻时修整原料和“开大型”。

直切：操作时刀背向上，刀刃向下，左手按稳原料，右手持刀，刀与原料、案板呈90度垂直切下，使原料分开的一种切法。直切属于辅助雕刻刀法，主要用于不规则的大块原料的最初处理，便于雕刻作品的造型设计。另外，直切还可用于雕刻时快速打制粗坯，加快雕刻速度。

斜切：操作时刀与原料、案板不成直角的一种切法，其他要求和直切是一样的。斜切时，原料一定要放稳，左手要按稳原料，右手根据所需要的角度，手眼并用，使刀按要求切下去。

锯切：采用窄而尖的刀具，左手扶稳原料，右手持刀，先将刀向前推，然后再拉回来，一推一拉切割原料的一种切法。锯切主要适用于韧性较大或太嫩、太脆的原料。

压切：主要是将空心模型刀放在原料的表面，然后施加压力将原料切下的一种方法。

（2）戳。戳刀法使用的工具是戳刀，采用握笔的手法，将戳刀插进原料表面一定深度并运刀的方法。刀具插入加工件后持刀的手将戳刀匀速向前推动，从而刻出丝、条、槽、禽鸟羽毛、鱼鳞等。

直戳：操作时左手拿稳原料，右手持刀，将戳刀压在原料表面，找好进刀点位，然后进刀，并且确定好深度与厚度，刀口朝前或向下，直线推进。

曲线戳：操作方法与直戳的方法基本一样，只是运刀路线是曲线的，刻出的线条是弯曲的。该刀法适合于制作细长而弯曲的形状，如菊花花瓣、鸟类的羽毛、动物的毛发等。

翘刀戳：操作时，左手持料，右手握刀，将戳刀压在原料表面，找好进刀点位，先浅后深斜向插入刀口，到一定深度后刀尖慢慢往上翘，刀后部往下压，刻出的形状呈两头细的凹状或勺状，如睡莲、梅花、荷花等的雕刻。该刀法主要用于雕刻凹状或勺状花瓣等形状。

翻刀戳：操作方法和直戳的方法基本一样，其区别就是戳的时候进刀的深度要慢慢加深，当快要戳到位时将戳刀往左侧或右侧略作拧转，再将戳刀拔出。这种刀法特别适宜雕刻鸟类的羽毛及细长形的花瓣等。

（3）削。削是用横握手法，切削原料成毛坯、雏形，或修整加工件定型、抛光的刀法。常见的有推削与拉削两种方法，就是将刀在原料上笔直地推出去或拉回来。运刀的路线为直线，削出的面为一个平面，是食品雕刻中的一种常用刀法。

（4）旋。旋也叫旋刀切，是一种用途很广的刀法，不仅可以单独旋刻一些弧度比较大的花瓣，而且是雕刻过程的辅助刀法。主要使用雕刻主刀，其运刀路线为弧线，雕刻出的面也是带圆弧形的，就像削苹果皮似的。旋刀法操作起来有一定的难度，使用时持刀要稳、下刀要准，要贴着原料运刀，确保旋刻出来的面光滑平整。

（5）刻。刻又称刻画，是用持笔握刀手法，以尖刀或戳刀刻出各种花纹造型的一种雕刻刀法。刻是雕刻过程中的一种重要辅助手段，要求操作者有一定的艺术修养和美术功底，主要用于“开大型”时划线定位，以及瓜雕、浮雕等的雕刻。

（四）常见的食品雕刻原料

（1）南瓜。南瓜又称饭瓜、番南瓜，山东地区称作番瓜，东北地区称作倭瓜。南瓜原产墨西哥及中美洲一带，世界各地普遍栽培，明代传入我国，现南北各地广泛种植。南瓜为葫芦科、南瓜属的一个种，一年生蔓生草本植物，果实外形呈长筒形、圆球形、扁球形、狭颈形等。通常一般用长条形南瓜进行雕刻，长条形南瓜又有“牛腿瓜”之称，因其体形硕大、实心部分较多而成为大型食品雕刻的上佳材料。用南瓜雕刻的作品色泽滑润、质地细腻柔和，所以南瓜是食品雕刻的理想材料，适合于雕刻黄颜色的花卉、各种形态的鸟类、大型动物、人物、建筑物等。空心的南瓜可用来刻瓜盅、瓜灯、鱼篓、箩筐等。

（2）红薯。红薯又名番薯、地瓜、甘薯、朱薯、金薯等，属管状花目，一年生草本植物，叶片通常为宽卵形，其蔓细长，茎匍匐地面，埋在地下的部分多为椭圆形的块根。红薯在中国北方也叫作地瓜，是很重要的食材。块根肉质呈浅黄色、粉红

色，也有呈白色，或有美丽的花纹，可用于雕刻各种花卉、动物、人物和假山等。

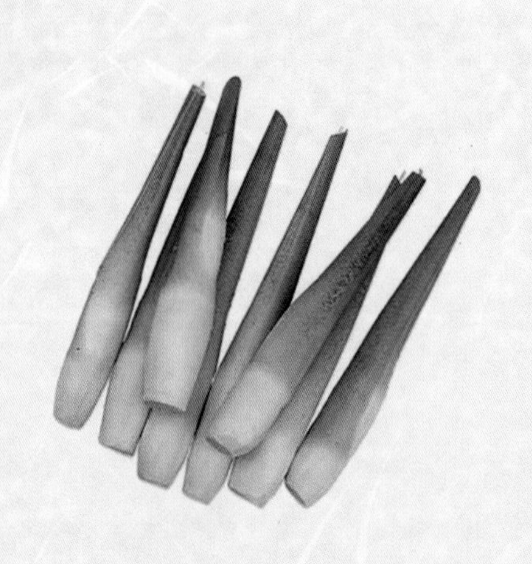

（3）茭白。茭白又名高瓜、菰笋、菰手、茭笋，是禾本科菰，属多年生宿根草本植物。茭白分为双季茭白和单季茭白（或分为一熟茭和两熟茭），其中双季茭白（两熟茭）产量较高，品质较好。茭白的肉质茎肥大，呈纺锤形，柔嫩细密，肉色洁白，可雕刻小花朵（如玉兰花等）。

（4）胡萝卜。胡萝卜别名黄萝卜、丁香萝卜、葫芦菔金等，是伞形科二年生草本植物，分布于世界各地，以肉质的根作为蔬菜来食用，耐贮藏。胡萝卜在我国南北方都有栽培，产量占根菜类的第二位。胡萝卜肉质细密、坚实，皮薄而心柱小，是雕刻小形花卉的理想材料，也可用于雕刻虾、金鱼、蜻蜓、螳螂等小动物。在组合雕刻作品中，胡萝卜常被用来刻制各种花卉的蕊，以及各种飞禽的喙、爪等，是一种用途广泛的雕刻原料。

（5）白萝卜。根茎类蔬菜，十字花科萝卜属植物。常见的有普通白萝卜和象牙白萝卜两种。普通白萝卜呈圆形，象形白萝卜呈长圆形，都有体大、肉厚、色泽纯白洁净的优点。白萝卜质地脆嫩而细密，是雕刻各种白色花卉、花瓶及整雕鸟、兽、虫、鱼、亭阁的良好材料。

（6）青萝卜。青萝卜又称卫青萝卜、青皮脆，包括沙窝萝卜、葛沽萝卜、翘头青萝卜、露头青萝卜等，体呈椭圆形或长圆形。青萝卜除埋入土里部分外，其他通体全绿，皮青肉绿，质地脆嫩，形体大而耐储藏。青萝卜常用来雕刻绿色的菊花、牡丹、树叶等，也适用于雕刻龙凤、走兽、舟船、山石等。

（7）心里美萝卜。心里美萝卜俗称水萝卜、冰糖萝卜。因其外皮为浅绿色，内里为紫红色、玫瑰红、粉红色，且口感脆嫩、色泽鲜艳而得名。由于其

颜色与某些花卉相似，色彩纹路美观自然，是雕刻各种花卉的理想材料。除了用于雕刻各种花卉以外，它还可用于雕刻一些鸟类的点缀物，如头冠、尾羽等。心里美萝卜通常是越往内里颜色越红艳，而红色代表喜庆，代表吉利，因此在喜庆的作品中会较多地运用心里美萝卜作为装饰。

（8）芋头。适合用来雕刻的芋头主要是槟榔芋和荔浦芋，我国南方栽培较多。它们个头大，为地下肉质球茎，呈圆形或椭圆形，皮褐色而粗糙，肉质细嫩而疏松，含淀粉丰富。选择形态端正、外形饱满，无侧芽、无霉烂干枯损伤者为佳。芋头适合雕刻山石、城墙、房舍、禽鸟、兽类、人物及大型组合雕刻等。

（9）冬瓜。冬瓜原产中国南方及印度，形状如枕，故又叫枕瓜，生产于夏季。一年生草本植物，茎上有卷须，能爬蔓，叶子大，开黄花。其果实为圆柱形，表面有毛和白粉，果皮深绿色，可见有淡绿色花斑。冬瓜可用于制作瓜盅、瓜灯等一类的浮雕，也可取其绿色的表皮用于制作树叶、荷叶、藤蔓、小草等。

（10）莴苣。莴苣又名莴笋、莴菜、青笋等，是菊科莴苣属之一年生或二年生草本植物。莴苣可分为叶用和茎用两类。食品雕刻中应用较多的是茎用莴苣。莴苣茎粗壮肥硕，肉质细嫩且润泽如玉，多为翠绿，亦有白色泛淡绿的。选择时以茎粗大、质地脆嫩、无枯叶空心者为佳。莴苣一般用来刻制昆虫、翠鸟、菊花、各种小花、各种图案以及人物雕刻中的镯、簪、服饰之类。

（11）西瓜。我国南北皆有西瓜栽培，西瓜果实外皮光滑，呈绿色或黄色，果瓤多汁，为红色或黄色。西瓜按其外皮颜色可分为绿皮瓜、黑皮瓜、花皮瓜，常用于雕刻瓜灯、瓜盅等。由于西瓜外皮与瓜瓤的颜色有深浅差异，对比色泽艳丽而富有层次，常把整个瓜雕刻成大形花卉，如大丽花、牡丹等造型。

（12）青椒。青椒又称柿子椒，果实翠绿，色泽鲜艳饱满，外表富有光泽。但因其肉质不丰厚且内空，故不能用作造型复杂的材料，一般用于雕刻大张的叶子，如牡丹叶、葡萄叶等。由于其色泽优美，常用来作为平面雕刻的材料，以及作为装饰其他造型的物件。

（五）食品雕刻的工艺程序

食品雕刻的操作有一定的工艺程序，不能先后更易，以免造成不必要的返工进而影响作品质量。食品雕刻的工艺程序包括命题、构思、选料、布局、制作、组装点缀六道工序。

1. 命题

命题是食品雕刻创作的先决前提。确定雕刻作品的内容，必须要先确定主题。通常要根据宴席主题选择作品素材，精心设计造型，一般应注意以下三点：

（1）要尊重民族风俗习惯。雕刻作品要尊重民族风俗习惯以及宾客的喜好厌恶。例如，婚宴上常用“龙凤呈祥”“鸳鸯戏水”“双喜临门”等造型；寿宴上常用“松鹤延年”“鹤鹿同春”“老寿星”等作品为雕刻题材等；日本人喜用荷花，美国人较喜爱山茶花，泰国人较喜爱睡莲等；对伊斯兰教应忌用猪类或类似猪的动物造型。

（2）要具有积极向上的意义。雕刻作品要具有积极向上的意义，并能体现出艺术性。例如，我国国宴招待外宾选用“迎宾花篮”“友谊常春”为主题较适宜，这样能体现出热烈欢迎和友谊长存的含义。

（3）要有季节性。雕刻题目要有季节性。例如，雕刻花卉的品种，一般要求应对四季时令，也可根据需要打破常规。

2. 构思

命题确定后即可进行构思。先构思命题内容的造型规格、形式，然后构思符合命题的雕刻造型设计蓝图初稿，反复修改最后确定构思的造型图稿。

3. 选料

设计图稿确定后，便可准备雕刻所需的原料。选料时要考虑选择与造型相适合的主副原料，包括品种、色彩、形状、体积、质地以及必需的陪衬美化装饰原料。选料时既要考虑原料的大小、形状，也要考虑原料的品种及季节因素，有些原料的形状不太规则，如有的萝卜或南瓜呈弯曲或奇怪形状等，可充分利用这种特殊形状雕出一些富有创意的作品来。

4. 布局

布局就是依据构思图稿进行具体设计，包括主体造型的形象、姿势、神态、与辅助造型的形象如何配合以及必需的装饰美化如何加强效果等，还要统筹主辅造型与美化装饰如何安排，经比较后确定最后方案。

5. 制作

制作即依照最后方案进行实际操作。实际雕刻加工讲究先后顺序，主体造型随布局不同用刀有先后顺序，辅助造型与美化装饰总是在主体造型完成后进行。

制作过程是决定雕刻作品质量的关键，若这一关做得不好，其他环节的努力都是毫无意义的。因此，要求操作者要有扎实的雕刻基本功、娴熟的技法和一丝不苟的工作态度，技术也要非常全面，不仅能雕刻花鸟鱼虫等简易作品，还能雕刻龙凤、牛马、鱼虾、瓜盅及人物等较复杂的作品。

6. 组装点缀

制作食品雕刻作品时，为了达到最佳的艺术效果，往往还需要对雕刻组件进行组装、整理以及进一步的修饰。比如，有些作品是由若干个小作品如鱼、虾与假山石、水草、浪花等粘在一起，形成一个大的作品；有些作品为了进一步增加艺术感染力，对一些关键部位进行必要的点缀，以突出艺术形象的特质，起到画龙点睛的作用。另外，盛器的选择、食雕配件的安装、整体构思效果的摆放等都力争将作品的最佳效果在实际应用中完美地表现出来。

总之，要使完成的食品雕刻造型形象悦目、比例恰当、色彩调和、神态逼真自然，符合命题的要求，完全与筵席、宴会、酒会的性质主题相适应，达到预期的效果，这样才算完成食品雕刻的工艺规律程序。

（六）食品雕刻的性质与种类

食品雕刻属于雕刻技艺，因此必然讲究艺术性，其在工艺上近似于木雕、玉雕、牙雕等，对造型与艺术美感的要求也是相似的。由于原料不同，应用的场合、方式、时间不同，使用的刀具、刀法也有所不同，因此食品雕刻操作的方法与时间有其固有要求。最大的区别在于食品雕刻要求在短时间内完成细致且有一定顺序的工艺流程，也就是说，它是一种瞬间工艺品。食品雕刻是点缀菜肴或装饰筵席的，因此必须确保清洁卫生。

1.食品雕刻按表现形式分类

（1）整雕。整雕又称圆雕，就是用一些大块原料，雕刻成一个完整独立的作品，如龙、凤、孔雀等。整雕不需其他物体的支持与陪衬，具有独立的完整性；单独摆设，具有较高的欣赏价值。

（2）零雕组装。零雕组装是指用多块原料（一种或多种原料），雕刻成某一题材或多个题材的各个部位或部件，再将这些部位或部件组装成一个完整的造型，如“鹤鹿同春”“群芳争艳”等。其特点是选择原料不限，雕刻方便，成品结构鲜明，层次感强，形象逼真，适合形体较大或较复杂的物体形象雕刻，要求制作者具有广阔的想象空间、独特的艺术构思能力与较强的制作能力。

（3）浮雕。浮雕是指在原料表面雕刻出向外突出或向里凹进的图案，分凸雕与凹雕两种。

凸雕又称阳纹雕，即把要表现的图案向外凸出地刻画在原料的表面。

凹雕又称阴纹雕，即把要表现的图案向里凹陷地刻画在原料的表面。

凸雕和凹雕只是表现手法不同，却有共同的雕刻原理。同一图案，既可凸雕也可凹雕，一般都需将图案画在原料表面，再动刀雕刻，这样效果会更好。各种瓜盅的表面装饰往往采用浮雕方法来制作。相比而言，凸雕费功、速度慢，但成品效果好、形象逼真。

（4）镂空雕。镂空雕就是在原料的表面插刻各种花纹图案，再将原料剜穿去掉多余部分，使原料刻穿成各种透空花纹的雕刻方法。其特点是图案玲珑剔透，色彩层次分明，作品艺术表现力强，常用于瓜果表皮的美化，如“西瓜灯”“龙凤西瓜盅”等。一般在其成品中点放蜡烛，以其光线的自然色彩装点席面，烘托气氛。

（5）组装雕刻。其适用于大型作品，指在制作某一大型作品时，使用多种表现形式，先雕刻各个组件，再组装完成作品，加上背景及衬托物，共同表现一幅完整的立体图案。这类作品造型美观、表现力强，适宜大型宴会和展台布置，由于技术复杂制作起来比较困难，对操作者的要求甚高。

2. 食品雕刻按原料分类

（1）果蔬雕。它是用瓜果、蔬菜作为雕刻原料制作精美的作品，是食品雕刻中最常见的部分。

（2）黄油雕。它是起源于西方的一种食品雕塑方式，常见于大型自助餐酒会及各种美食节展台。黄油雕给人一种高贵典雅的感觉，可以提高宴会的档次，调节装扮就餐环境。

（3）巧克力雕。它是用巧克力块雕刻出各种花、鸟、鱼、虫，讨人喜爱，形象纯

真。制作大型巧克力雕品，应先做好骨架，然后抹上巧克力后再进行雕刻。

（4）糖雕。糖雕也称糖艺，是西点中的一种装饰手法，将糖粉、蛋清等经过加工后再雕塑成各种惹人喜爱的物象。

（5）冰雕。用冰雕塑成各种动物、人物及建筑物等，成品极为美丽、壮观；也可雕刻成器物作为菜肴的盛器。一般雕刻成小型花鸟、动物、人物形象等用于装饰餐桌，显得别致而富于情趣。

（6）豆腐雕。豆腐雕是用一定体积的豆腐块置于水中雕刻成一定的造型的雕刻方法。雕刻时手法要轻，要用水轻轻漂洗掉渣料，使图像清晰，大多以浮雕刻划为主要雕刻方法。

（7）琼脂雕。将琼脂用水泡发后放在容器中，密封加热至溶化后倒入形状规则的容器中并加色素调匀，冷却后雕刻成花、鸟、鱼、虫等形象。成品莹润如玉，可与玉石作品相媲美，有很好的艺术效果。

（七）食品雕刻成品的保管方法

食品雕刻所用原料都是可食性的食物，且大多数脆嫩多汁，含有较多的水分，很容易失水变形、变色，进而腐烂变质。假如保管不当，就会加快食品雕刻作品的变质，影响其艺术效果。因此，食品雕刻作品的保管就显得特别重要。常用的保管方法有以下几种。

1. 清水浸泡法

将作品放入干净的清水中浸泡，使其吸收水分。这种方法适宜作品短时间的储存与保湿；如浸泡时间过长，雕刻作品就会变形、褪色。采用该法所用的水和容器一定要干净，不可有油污等杂质。

2. 矾水浸泡法

明矾和清水按照1%～2%的浓度调配成溶液，将食品雕刻作品放入其中浸泡。这种方法能洁净作品，使之能较长时间地保持质地新鲜及色彩鲜艳，能有效防止作品腐烂变质，延长作品的储存时间。如果发现水溶液浑浊了，则应马上更换相同比例的新的明矾水溶液，以免变质。

3．包裹低温贮藏法

把雕刻好的作品用清水浸湿后再用保鲜膜包裹好，放入冰箱低温（3℃左右）冷藏，要使用的时候取出用清水浸泡备用。这种方法在日常操作中应用最为广泛。

4．明胶液贮藏法

将琼脂或明胶与清水按一定比例融化，然后趁热涂抹在雕刻作品的表面，待冷却后在其表面形成一层保护膜，起到隔绝氧气、保水、保色的作用。应注意在使用时不可涂抹得太厚，否则会影响作品的整体效果，尤其是一些细节的地方就会被遮盖而不能显现。

5．喷淋保鲜法

用装有干净水的喷壶，给做好的作品喷水，使其保持水分，防止作品干枯、变色，失去光泽。应用时宜采用少量勤喷的方法，即每次水量不可太多，多重复几次。这种方法主要用于雕刻作品展示期间的保鲜。

二
食品
雕刻
SHIPIN DIAOKE

花卉类雕刻

花卉类雕刻是学习食品雕刻的重点，也是学习食品雕刻的入门基础。通过学习雕花逐渐掌握刀法的应用与握刀手法要领。由浅入深，由易到难，循序渐进，便能掌握各种花卉类雕刻的方法，熟悉各类手法的技艺要领，便于进一步学习其他的雕刻作品。雕刻花卉宜选用色彩鲜艳、新鲜脆嫩、质地细密、结实不空、富含水分的根茎瓜果类蔬菜。花卉的雕刻根据刀法的运用与握刀手法的不同一般分为直刀花卉、旋刀花卉、戳刀花卉等；另外，根据成形方法还可分为整雕刻与零雕组装两大类型。

花卉类雕刻在食品雕刻中是相对比较简单的，但是对于提高操作者的基本功是非常有效的，通过大量的练习可提高操作者的刀法与手法，所以操作者要勤学苦练、持之以恒。眼勤、手勤、脑勤是学好花卉类雕刻的关键要领，同时操作者也要注意以下几个方面：

1.刀具选用适当

刀具的大小、软硬要适当。雕刻花卉的刀具宜硬一点的，不宜太软，否则在雕刻时刀具会发生变形。另外，刀具是否平整、锋利将会影响花瓣的厚薄和平整度，若刀具不锋利，雕刻时不好控制力度，反而容易发生危险。

2.雕刻方法由易到难

花卉类雕刻应先从简单的花卉雕刻开始，逐渐增加难度。通过雕刻简单的花卉，操作者能逐步熟练掌握各种雕刻的刀法与手法，同时也能培养起学好食品雕刻的信心。

3.原材料新鲜

花卉类雕刻要求花瓣平整光滑、厚薄均匀（宜薄不宜厚），并且需形象生动、逼真。雕刻花卉的原材料必须新鲜，质地紧密而结实，不空心，肉内无筋。若雕刻的原料不好，则不容易达到理想的效果，进而会影响作品雕刻好后的艺术效果。

4.抓住花瓣的形态特征

花卉类雕刻时，要抓住花瓣的形态特征。花瓣形状的好坏直接影响着作品最后的艺术效果，初学者可先用水彩铅笔在原料上画一下花瓣形状，然后再在原料上进行雕刻，这样相对容易一些。

5.掌握角度、深度和厚度

在花卉类雕刻过程中，操作者要掌握好角度、深度和厚度。

角度 指花瓣与底面水平线的角度。花瓣与花瓣的距离越大，花瓣的层数越少；反之，层数就越多。花瓣与底面水平线间的角度是逐渐加大的，否则作品雕刻好后没有包裹状的花蕊很容易出现抽薹的现象。

深度 指去废料或刻花瓣时下刀的深浅。去废料时的深度要求是前后两刀的深浅要一致，这样废料去得干净而不伤花瓣。刻花瓣时的深度要求是接近花瓣的底部，但不要太深，否则花瓣容易掉。此外，雕刻花卉时下刀的深度也影响着花苞的大小，下刀越浅花苞越小；反之，花

苞就越大。

厚度 指花瓣的厚度。花瓣的厚度要求是上部稍薄（特别是边缘），而根部稍厚。这样雕刻出的花瓣自然好看，经水浸泡后能向外翻卷，并且挺得住形，不会太软。

6.废料要去除干净

花卉类雕刻时，废料要去除干净、无残留。在花卉类雕刻的过程中，去废料是一个比较难的操作，常出现去不干净、有残留的现象。废料去得掉或去得净的关键是雕刻时控制好刀具的角度和深度。简单地讲，就是前面一刀和后面一刀相交但不能相错。由于在雕刻时进刀的深度有时是看不见的，深浅的控制完全依靠操作者的感觉，而这种感觉是需要长期的训练才能达到的。

月季花

1. 将心里美萝卜对半切开，用刀修整成碗形，上下端各有一平面。

2. 旋刀去一圈废料，将坯体修成一个飞碟形圆锥体。

3. 用小刀在底部适当高度修出第一层花瓣的五个面。

4. 修去废料后底部呈一个正五边形，五个花瓣面大小均匀。平刀刻出第一层的五个花瓣。

5. 用持笔握刀法旋刻去一层废料，去除废料的同时处理好第二层。平刀刻出第二层的五个花瓣。

6. 去料的同时处理好第三层。

7. 刻好两层花瓣后的坯体。

8. 用竖刀手势贴着坯体划出第三层的五个花瓣。

9. 用持握笔刀法旋刻去第三层的废料，去料的同时处理好第四层。

1. 刀法熟练，刻成的花瓣需边缘光滑、完整，边薄、根稍厚。
2. 控制好花蕊的高度与大小，外晕盛开，内层含苞待放。
3. 去废料时，注意掌握进刀深度与角度，废料必须去除干净。
4. 第一、二层可以平刀刻，从第三层开始花瓣应有相互叠层的围绕排列。

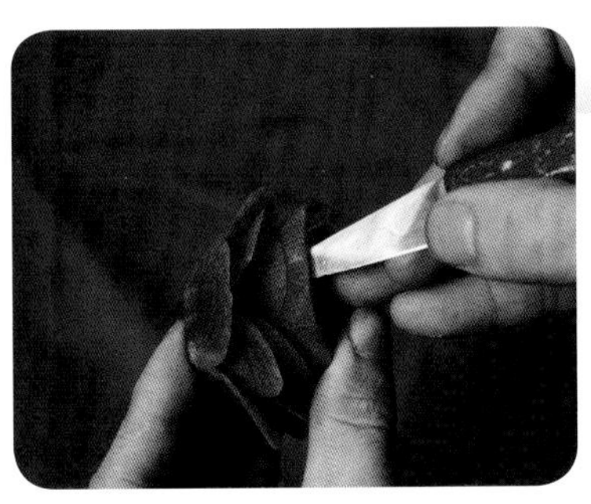

10. 刻出第四层花瓣，旋去废料。

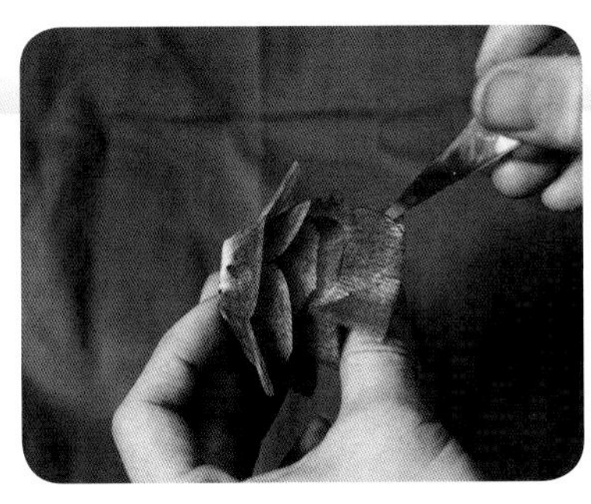

11. 去料的同时处理好刻花蕊用的圆柱体。

12. 准备刻花蕊前的坯体。

13. 第五层开始刻花蕊，花瓣逐层向内倾斜，高度逐层降低，且相互之间的叠加程度增强。

14. 刻好后的状态。

15. 调整花瓣的形态，将最外两层的花瓣用手指略捏，使其呈现自然的翻折形态。

菊 花

1. 取一段胡萝卜，高度约为宽度的2.5倍，然后用小刀将原料修成馒头形。

2. 用小刀在胡萝卜的平面端修出一圈斜坡，用V形戳刀刻出第一层花瓣。将坯料削低一层后表面修整光滑，做好刻第二层的准备工作。

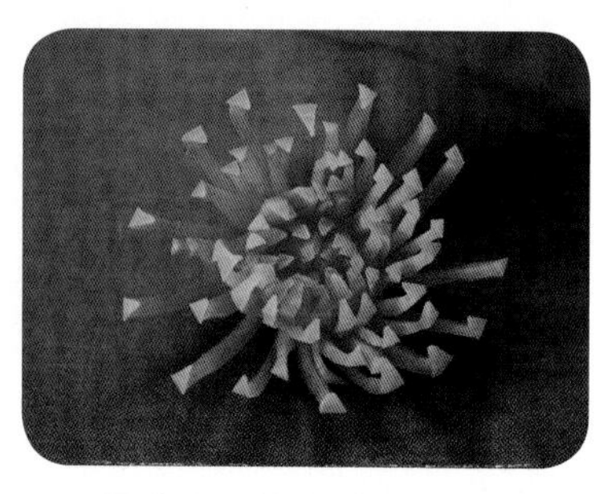

3. 用步骤2的方法连续刻出第2～5层的花瓣，第6层开始刻花蕊（向内包），掌握好层高与角度的变化，刻出整个花。

4. 另取一片青萝卜的外皮，用小号V形戳刀与主刀刻出几片菊花的叶片。

1. 花瓣的粗细、长短、厚薄要均匀。
2. 花瓣的根部要适当加厚并排列紧密。
3. 每层的余料要修割光滑。

荷 花

1. 取胡萝卜切成长条形后，用小刀细刻出花瓣坯体的轮廓。注意将坯体制成大小较接近的大、中、小三种规格。

2. 将花瓣坯体正面横向修出上拱弧面，然后用主刀批片，注意行刀时花瓣的根部要略厚一些。

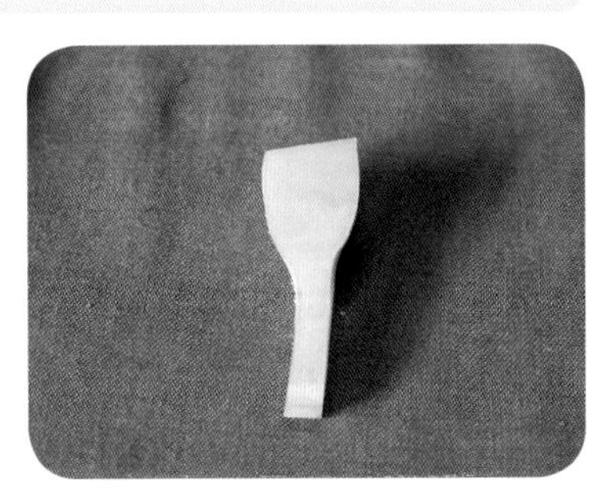

3. 取一块青萝卜，先修成一横断面为正方形的长条，在2／5处将两侧修小，制成花托的坯体。

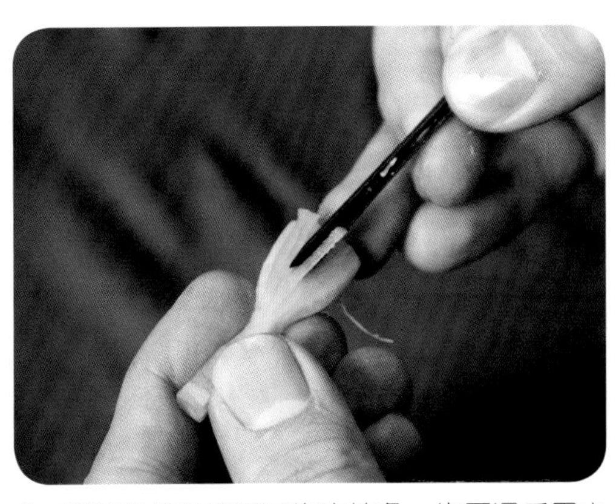

4. 将花托的毛坯用刀修去棱角，修圆滑后用小号U形刀在底托处修出一圈凹槽，再用V形戳刀开出花蕊的雄蕾，用小刀刻出莲蓬。

5. 将片好的花瓣用502胶水进行组装，将小的花瓣粘在最内层、大的花瓣粘在外层。

6. 粘3～4层花瓣后就基本完成了荷花的制作。一般每层粘6个花瓣，每粘好一层后及时用小刀修整，以方便下一层的粘接。

7. 取一小片青萝卜皮，用刻刀修出上图的形状，再用戳刀刻出叶脉，用刀修薄边缘，做出一片小荷叶。

1. 花瓣坯体边缘需修得端正光滑。
2. 片制花瓣时要求表面光洁，一刀成底。
3. 制作花蕊底托时要大小合适。
4. 粘接组合时要及时调整，使花瓣疏密有度、角度合适、形态自然。

牡　丹

1. 用心里美萝卜刻出牡丹花瓣的坯体，呈桃尖形，大的一侧刻成波浪形齿状，批成片状。

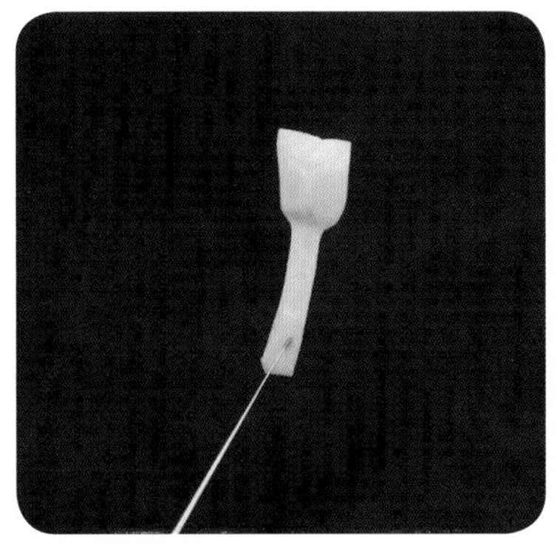

2. 用青萝卜刻成花蕊底托，表面修圆，中间刻一凹孔。

3. 将圆锥形茭白粘接在花蕊底托上，用刻刀将前端交叉十字形剖开，使其松散如花蕊。

4. 花瓣挑小的粘在花蕊底托上，第一层要低、小、向内包。

5. 依次粘上第二层、第三层……的花瓣，注意控制好层高与角度。

6. 完成牡丹花的制作。用同样的方法再制作几朵牡丹花。

7. 将细铁丝拧在一起，缠上绿胶布，做成牡丹花的枝干。

8. 另用小块的心里美萝卜与青萝卜刻成花苞。

9. 用青萝卜皮刻几片牡丹叶子。

10. 取一片南瓜，修成长方形，用水彩铅笔画上窗格纹样，并用刻刀镂空刻成一扇窗扉。

11. 另刻一山石底座，将所有部件进行组装。

1. 加强基本功训练，刻制的花瓣需平整、光滑、厚薄适中。
2. 控制好花芯的高度和大小。
3. 刻制完成后用水稍泡一下，并用手整理，效果较好。
4. 与其他食品雕刻配合使用效果更好。

蝴蝶兰

1. 取胡萝卜刻出蝴蝶兰的花蕊。

2. 用嫩南瓜刻出两种不同形状的花瓣坯体，一块为令箭形，另一为块扇形。

3. 修整花蕊的光洁度，将花瓣坯料片成略带弧度的片。注意两种花瓣不同的弧形走向。

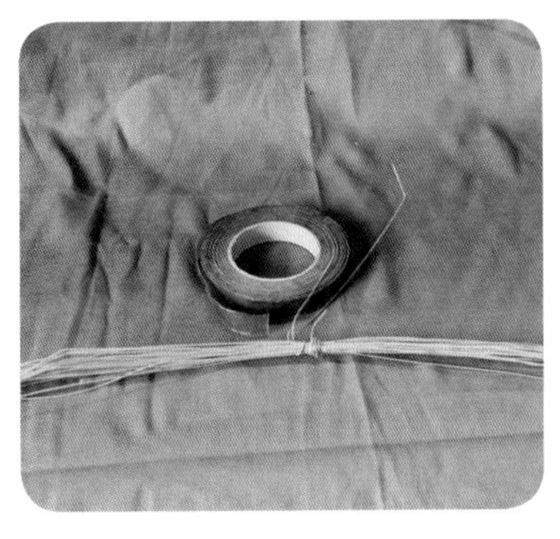

4. 准备一些花艺店插花用的细铁丝与绿胶布。

5. 将两种不同的花瓣粘接在花蕊底托上，两片扇形花瓣与三片令箭形花瓣组成一朵盛开的花朵。

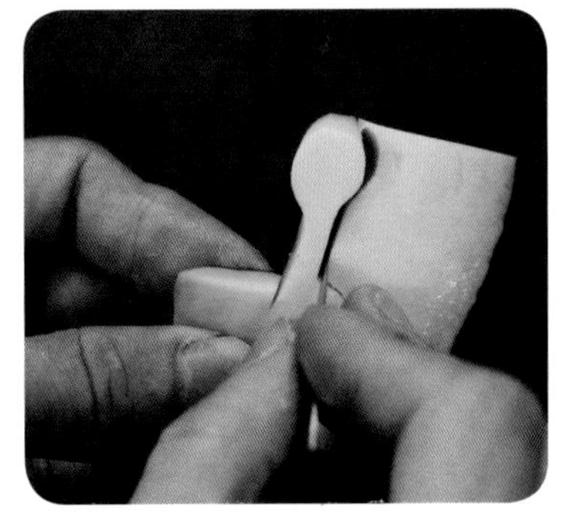

6. 另取一片较厚的嫩南瓜片，用主刀刻出几根棒槌形条子作为花苞的坯料。

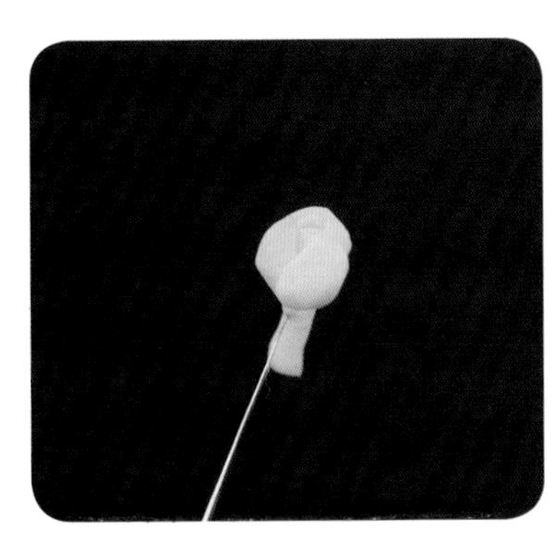

7. 将花苞坯料细刻成蓓蕾，注意细节处理。

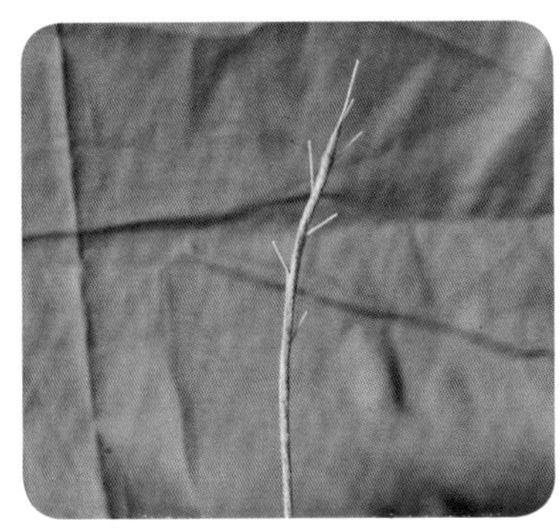

8. 把几根长短不一的铁丝拧在一起，缠绕上绿胶布制成花茎的主干。

9. 用青萝卜刻制出一组长短不等、大小不一的叶片，用手稍作整理以美化其形态。

10. 用一小块香芋刻成火山岩石状的多孔山石底座。

11. 组装作品先从花朵开始，将花朵、蓓蕾安装在铁丝茎干上，注意高低错落、形态自然。

12. 将组装好花朵的茎干插在山石底座上，再粘上叶片，注意处理好叶片的位置与形态。

1. 注意花托的形状，其近似一个歪的黄豆芽。
2. 组装粘接花瓣时应先粘内侧的两片扇形花瓣。
3. 制作蝴蝶兰叶片时，应是中间厚、边缘薄，使其外形挺拔。

兰 花

1. 将胡萝卜取小条，再修成令箭形，大端出尖，小端收弧形，分两种规格，再片成花瓣。

2. 把心里美萝卜切成长条形小块，保留部分绿皮，用于体现花蕊的结构与层次。

3. 在花蕊料上沿皮面圆弧形下刀，刻出两片相叠的花萼，并留出花蕊的安装柄。

4. 花蕊的成品。

5. 将花瓣往花蕊上粘接，先均匀粘上三片宽的花瓣，再将两片细长的粘在外侧。

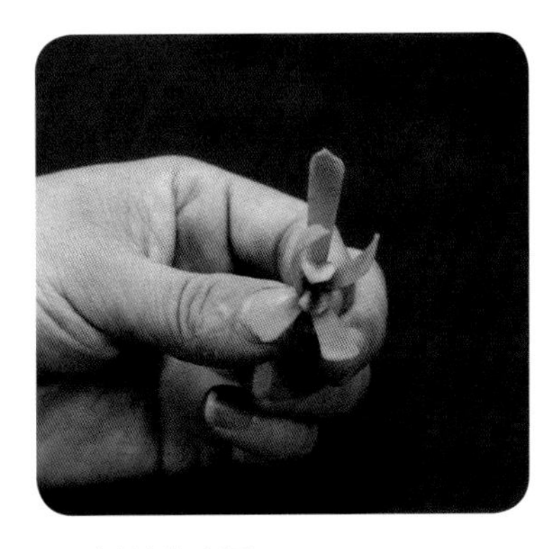

6. 兰花的成品。

7. 另取一块胡萝卜刻出花苞的坯体。

8. 将花苞修至圆润、光洁，再刻出花瓣相互紧包的效果。

9. 将青萝卜薄薄的去除老皮，把绿色鲜艳的部分批成大片。

10. 将青萝卜皮刻成细长的兰花叶子。

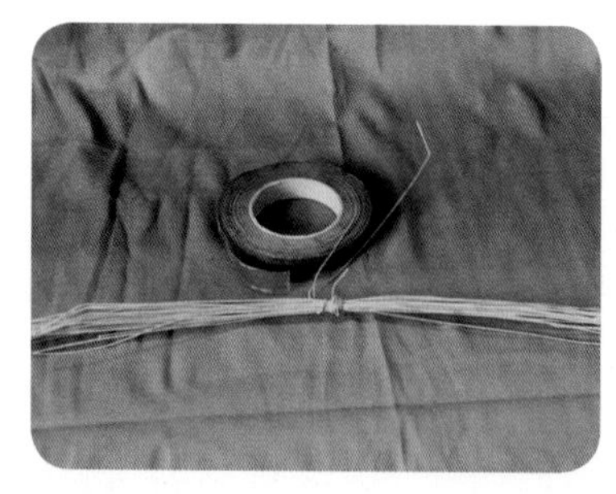

11. 将插花铁丝与绿胶布做成兰花的主干。

12. 取一块香芋刻成一块山石底座。

13. 从花蕊开始组装，自上而下，先花苞再花朵。

14. 把主干与花朵插在底座上，调整位置后开始粘接叶子。

15. 组装好后调整花与叶子的位置，使其错落有致。

1. 花瓣需上部薄、根部稍厚，5个花瓣的根部要自然地聚在一起。
2. 花瓣厚薄适中，表面光滑，边缘整齐，完整无缺。
3. 组装时需形状自然美观。
4. 充分运用原料色彩与质地的优点。

马蹄莲

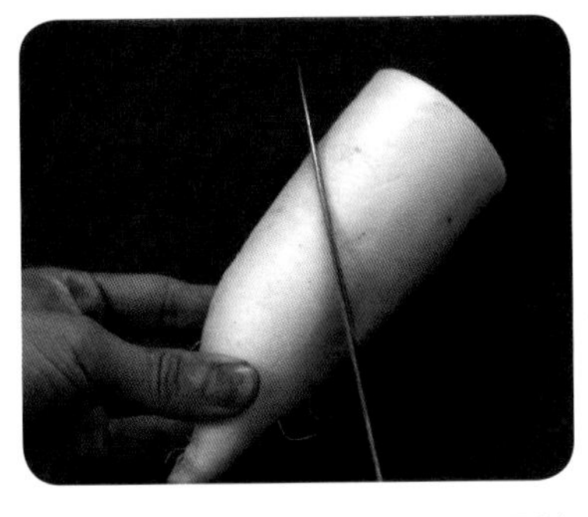

1. 斜向切开白萝卜，取出马蹄莲的坯。

2. 修出马蹄莲的粗坯，注意收刀位置与大小。

3. 在粗坯上进一步修整马蹄莲的轮廓，花冠部分向外展开，基本确定花朵的形状。

4. 细细修刻，使其表面光滑、线条流畅，并用水砂纸打磨。

5. 用U形戳刀在中间挖料，使其成为一个中空的杯形。

6. 用主刀将内侧修剔光洁。

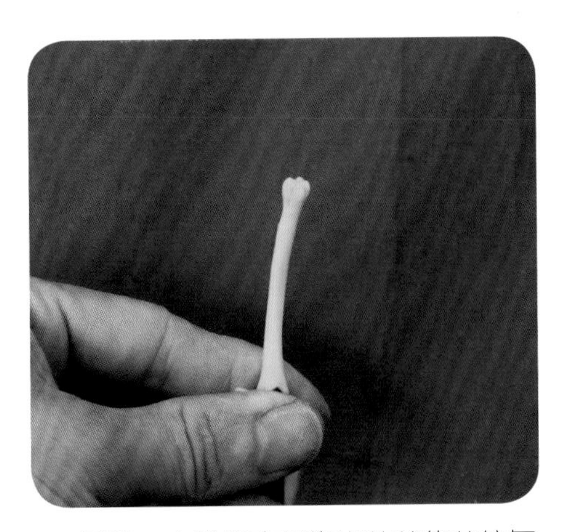

7. 另取一小段嫩南瓜修出花蕊的花柱与柱头。

8. 用502胶水将花蕊柱头粘接好，用手将折边外翻以调整好形态。

竹 子

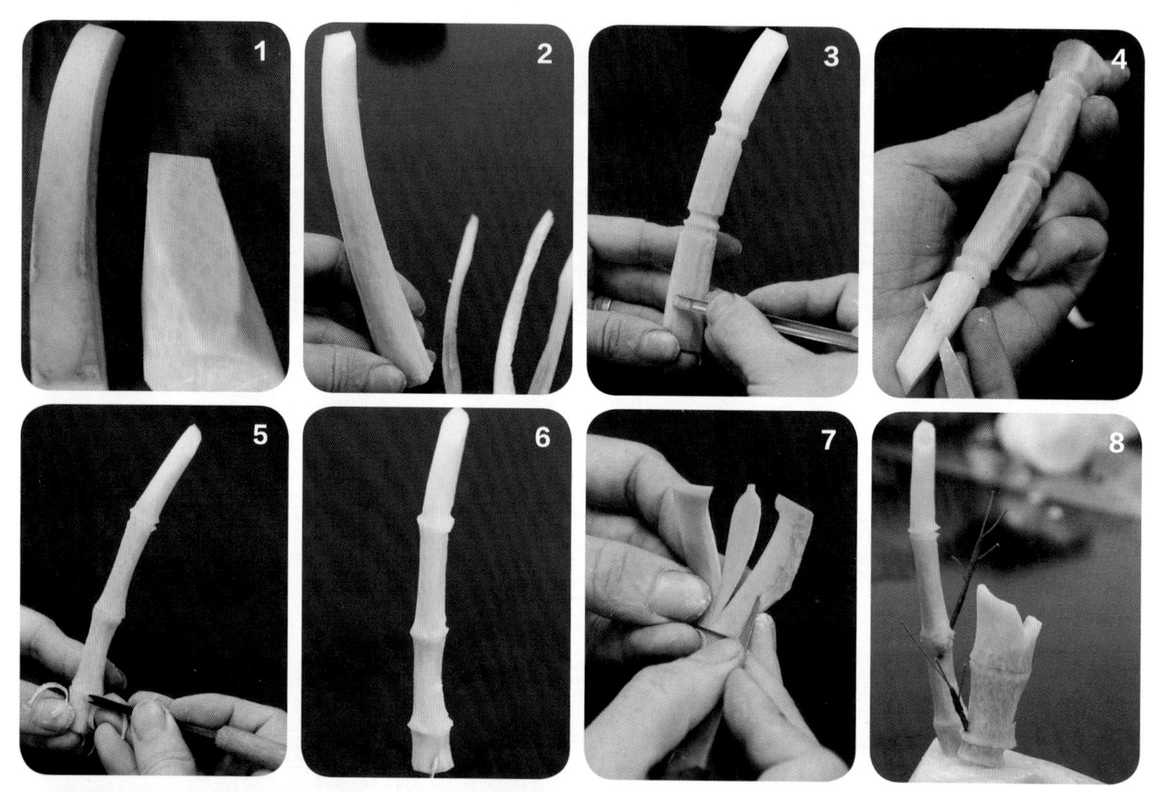

1. 将青萝卜取出长条与短块两种形状，分别作为竹枝与竹桩用料。
2. 修去棱角后取圆制备刻竹枝的材料。
3. 用小号U形戳刀开出竹节的位置。
4. 将竹节间的原料修小，使竹节外凸起。
5. 用小号V形戳刀处理竹节上的细节。
6. 修整后用水砂纸打磨光洁，完成竹枝的制作。
7. 把青萝卜皮刻成竹叶，边缘修薄，三片为一组粘接好。
8. 另外一块料刻制成一个破残的竹桩，用插花铁丝、胶纸做成细竹子，粘合在一块底料上。
9. 将叶子、小花草一起组合成作品。

樱 桃

1. 将胡萝卜切成四方形块状。

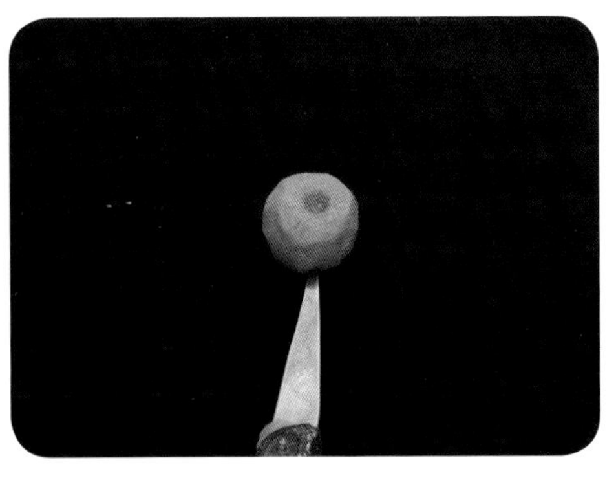

2. 先将四个棱角以圆弧形走刀削出大致的圆形，再用刻刀细细修圆。

3. 在胡萝卜圆球的顶端刻出一小凹坑，确定果柄的安装位置。

4. 将樱桃的坯体用水砂纸打磨光滑，粘上果柄。

5. 将樱桃、树枝及假山石组合后即完成作品。

蘑 菇

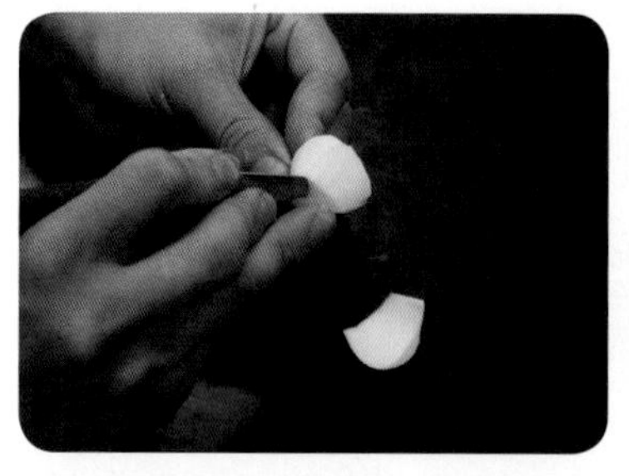

1. 将茭白小段削成圆锥形。

2. 将尖端修饱满，并打磨光滑。

3. 茭白取长条修成蘑菇柄形状。

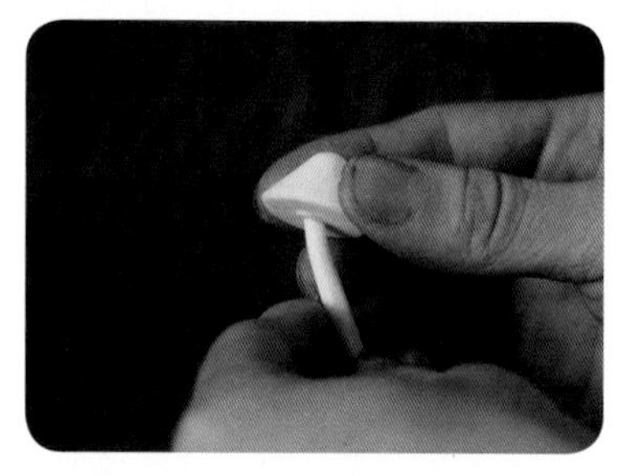

4. 茭白取长条修成蘑菇菌。

5. 掏出伞下花纹并修整形态。

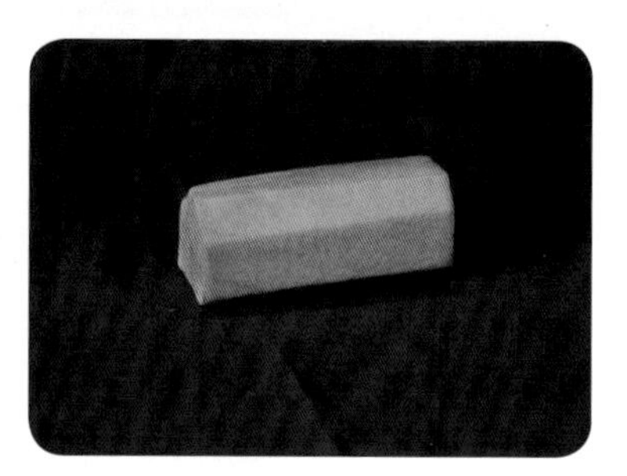

6. 准备一块刻树桩的坯料。

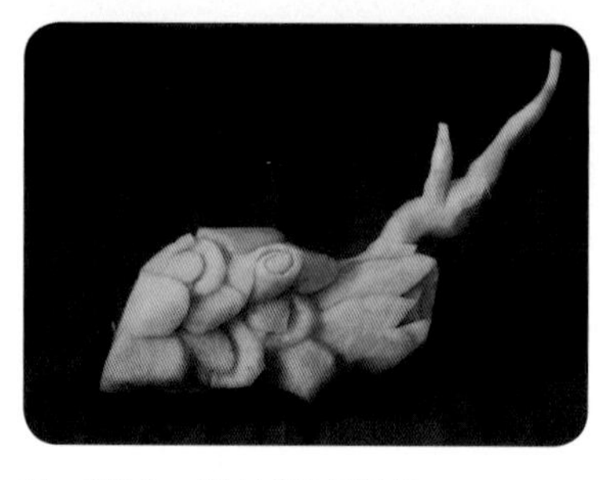

7. 刻出一截枯倒的枝干。

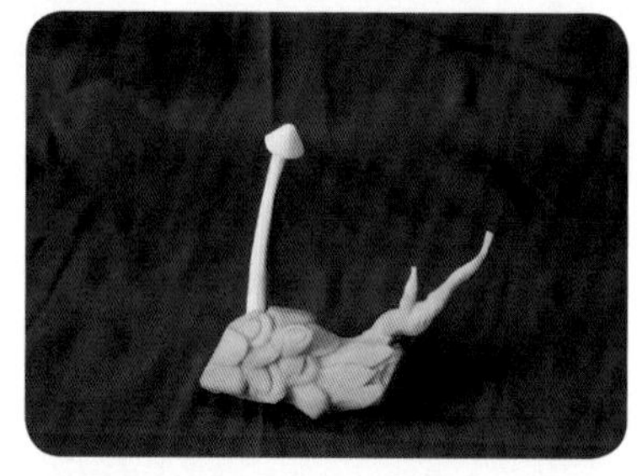

8. 粘上蘑菇，进行组合。

9. 安装点缀品后即完成作品。

印 花

1. 取胡萝卜少许，切成大、稍大、中、小四块长梯形料，用小刀修圆外边使其成为长水滴形，做成花瓣料的坯体。

2. 用主刀从花瓣坯体的正面横向片出弧形的片，注意花瓣的根部比边缘稍厚。

3. 用小刀将青萝卜刻成简单的花蕊底托。

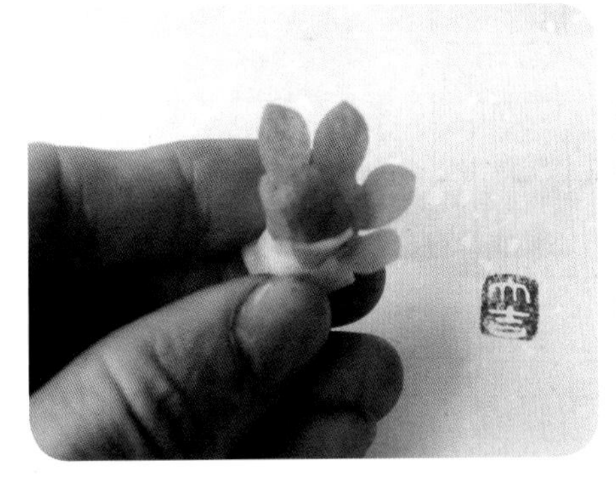

4. 将刻好的花瓣按从小到大的顺序，用502胶水将花瓣粘接在花心底托上，注意花瓣及花层的间距与角度。

5. 花瓣的安装需按照大小、层次要求及时调整，两层花瓣间需错开粘接，从花蕊开始逐层外倾伸展。

6. 完成作品后用少许树叶点缀一下。

荷 叶

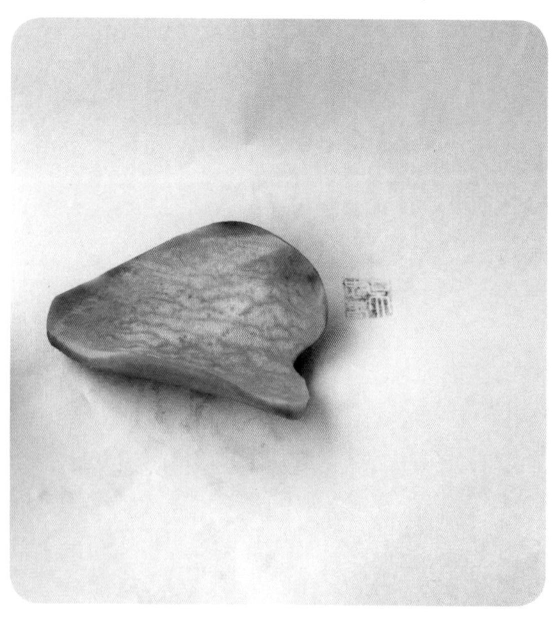

1. 削一块略厚的青萝卜表皮，用主刀在边缘适度修整，使其自然地呈现荷叶边的弯曲弧度。

2. 用U形戳刀从边缘向内戳出放射状的叶脉，使其自然起伏并与表皮形成色差。

3. 用小一号的U形戳刀进一步戳出叶脉的细节部分。

4. 将荷叶再做精细的修饰后即成。

春 笋

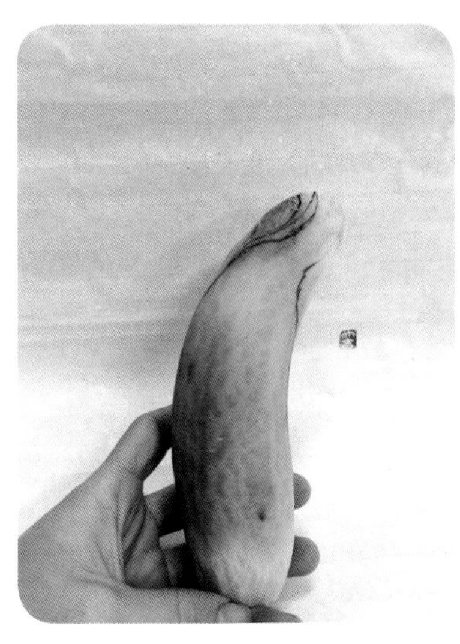

1. 取一个略带弯曲的青萝卜，薄薄地刨去外皮，用水彩画铅笔画出笋尖的轮廓，削下多余的料留作他用。

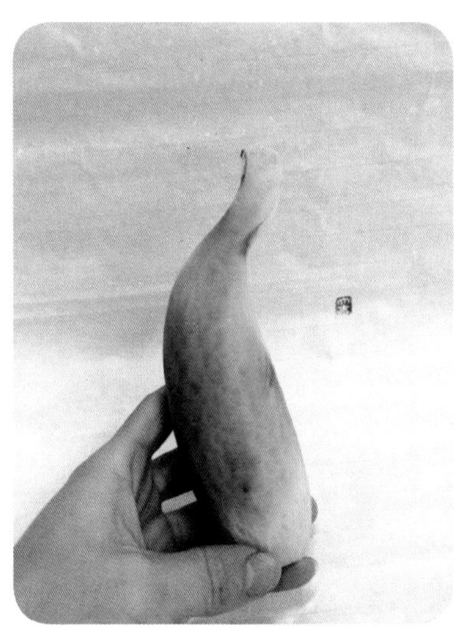

2. 用主刀沿着画好的线条修出春笋的轮廓。

3. 用V形戳刀刻画出笋壳的外形，布置位置时应层层叠加，交互相向而不交叉。

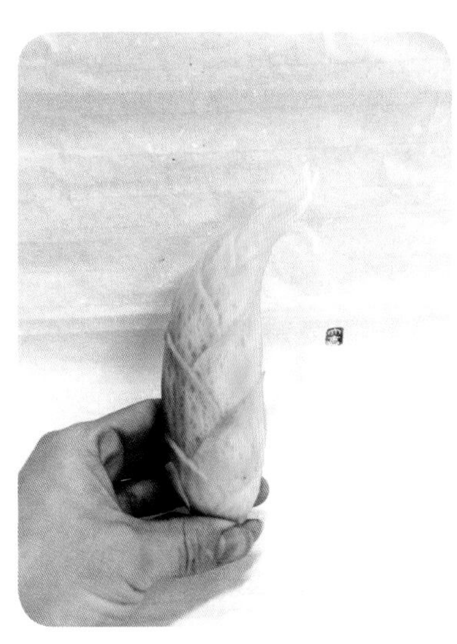

4. 用主刀修出笋壳的外形（边缘薄并微向外翻翘）；注意处理好笋壳之间的相互重叠部分及笋壳尖嘴。

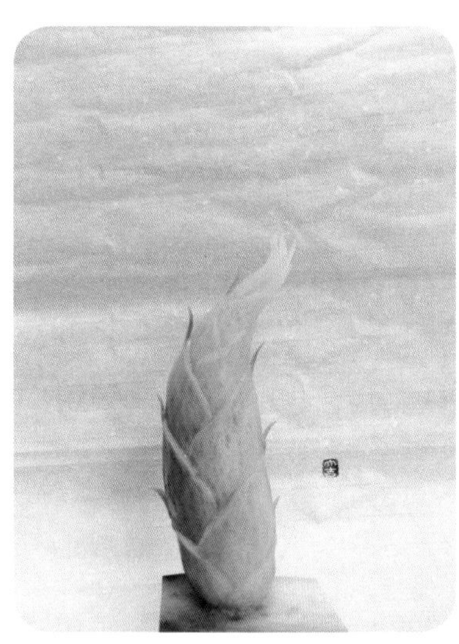

5. 进一步调节修整春笋的外形细节，刻划出笋尖部分的一丛小叶片，用水砂纸打磨光滑。

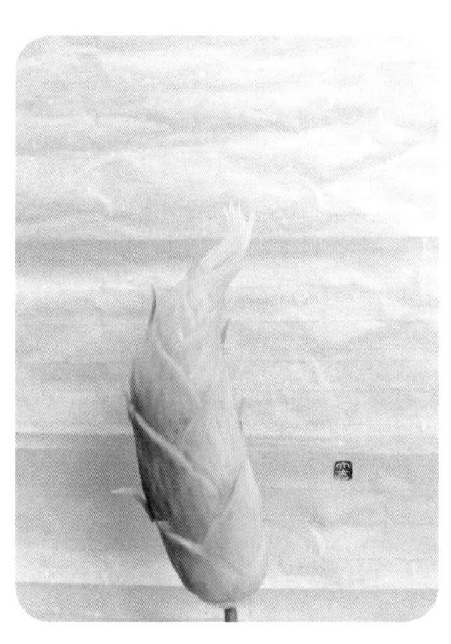

6. 用削下的表皮刻出笋壳尖上的小叶片，粘接在笋壳的尖头上用刀修顺线条。适度修饰后即完成春笋的制作。

小南瓜

1. 取一心里美萝卜，剥去头部外皮，保留好叶子根部的纹理，用小刀削下余下的外皮（尽量保持外皮大的片形），留作刻叶子用料。

2. 修圆整南瓜坯体，用刀切出上下两个平面。

3. 在坯体的圆周面上用V形戳刀均匀地戳出八条线槽，顶部用U形刀向内挖一凹坑。

4. 用主刀修整坯体表面，使其瓜楞突出、表面光洁。

5. 另取一小块胡萝卜，用主刀修出瓜蒂藤蔓的形状。

6. 将南瓜蒂用主刀、U形刀修整出细节，另取心里美萝卜的皮刻出两片叶子，用502胶水粘接好。

树 枝

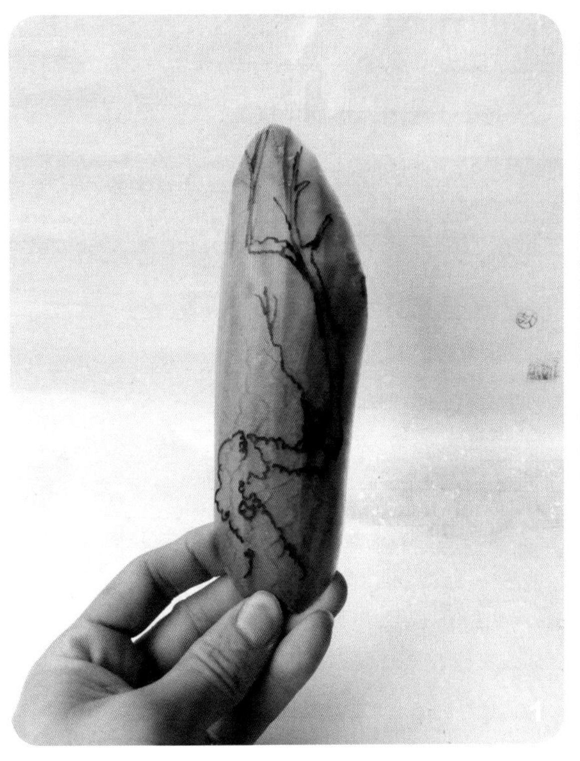

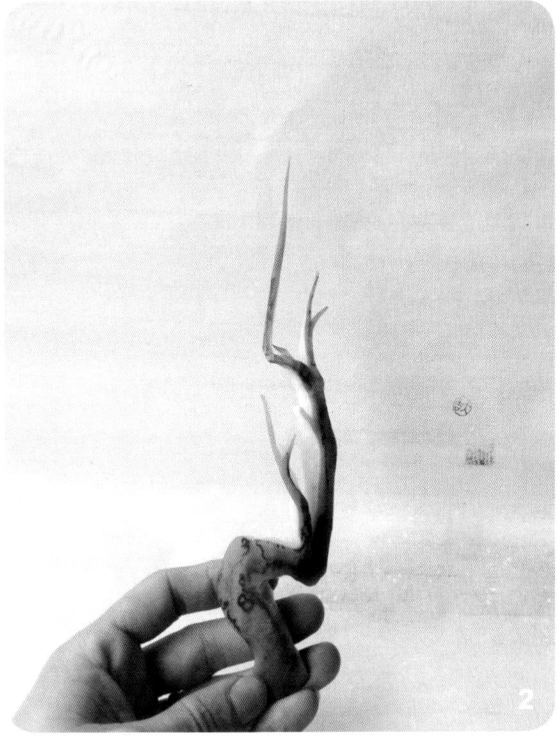

制作过程

1. 在青萝卜侧面顺长切下一厚片（一头稍厚、一头薄），用水彩铅笔画出树的主干、分枝及枝杈等线条。注意主干部分应画得弯曲遒劲、枝杈部分挺拔有力。

2. 用主刀沿线条将画好的轮廓刻画下来，做成树的坯体。

3. 用主刀进一步修整，将主干、分枝、枝杈修去棱角，调整粗细厚薄后完成简单造型树枝的雕刻。

福在眼前

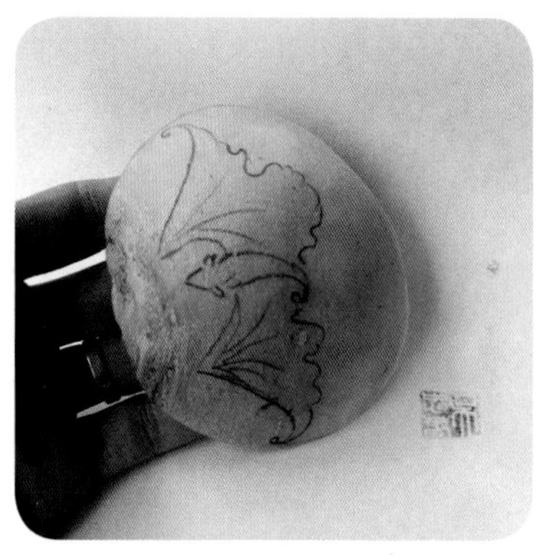

1. 将心里美萝卜在侧面切下大、中、小三个圆形片，在最大的一片心里美萝卜片上画上蝙蝠的轮廓线条。

2. 用主刀沿线条边缘将蝙蝠的大坯形划割下来。

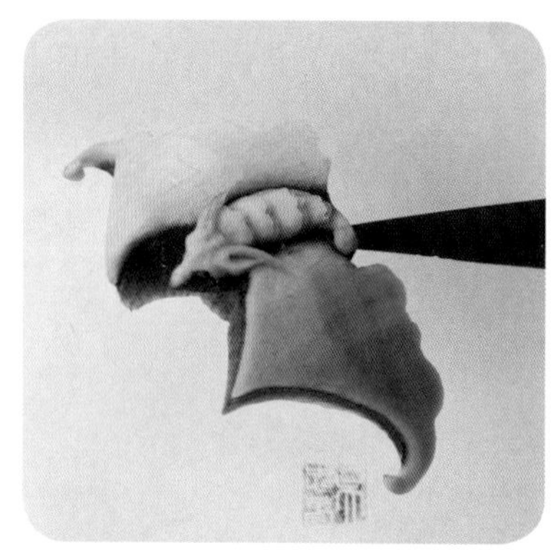

3. 从头部开始刻出头部、身体的形状与细节。

4. 刻出爪子后用V形戳刀刻出翅膀上的主线条。

5. 进一步修整，使得翅膀边缘变薄，注意保留与运用好皮色，使得作品上的线条与层次清晰、丰富。

6. 在中等大小的萝卜片上画上如意头的外形。

7. 用主刀沿画好的线条抠出如意头的坯体。

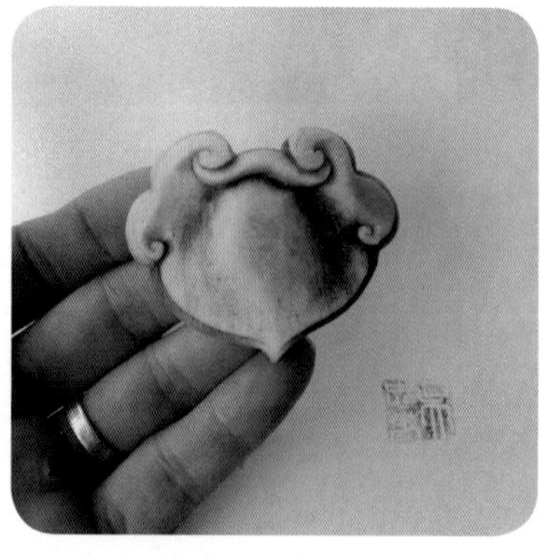

8. 用主刀刻出如意头的细节，注意处理好勾云纹的方向（头向下与尾上的纹理相呼应）及上面的立体感。

9. 在如意头中间挖出镶嵌宝石用的椭圆形凹坑，注意运用皮色突出立体感。

10. 将余下的心里美萝卜切成大块后粘接起来，刻出如意身的轮廓。

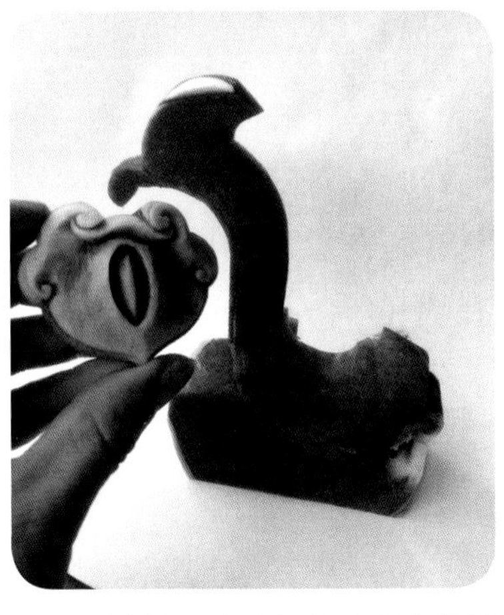

11. 适度处理底座与如意柄上的场面与线条。

12. 将如意头、尾粘接在如意身上，方向与角度可进行适度调整。

13. 用边角废料刻出几个云朵，粘贴点缀在底座与如意适当位置处。

14. 将蝙蝠安装在如意头上，中间用一块升云连接。

15. 将余下的心里美萝卜皮刻成若干个铜钱，放置在底座周围。

16. 刻制蝙蝠的要点：掌握头、身、尾的比例，两边的翅膀需在形状上有适当变化，翅膀与身体不能持平。

鱼虫类雕刻

食品雕刻中鱼虫类造型的作品不少，常见的有鱼、虾、蟹、蝈蝈、螳螂等，其中又以鱼应用较多。食品雕刻中鱼类的造型主题如：鲤鱼的有“鱼跃龙门”“年年有余”；金鱼的有“金玉满堂”“金鱼戏莲”等。虾、蟹、昆虫等多数作为菜肴围边中的点缀。鱼虫类的作品往往要以水浪、假山、瓜果、树枝等作形象衬托。鱼、虫的生活环境和习性与衬托物应是相辅相成、相映成趣的，在视觉上衬托物与主体烘托应使作品活泼可爱、富于生命感。虾、蟹、昆虫等的造型主要以写实形式制作，适度地辅以变形与夸张的手法，力求基本特征突出、色彩形态逼真。

（二）鱼虫类雕刻实例

神仙鱼

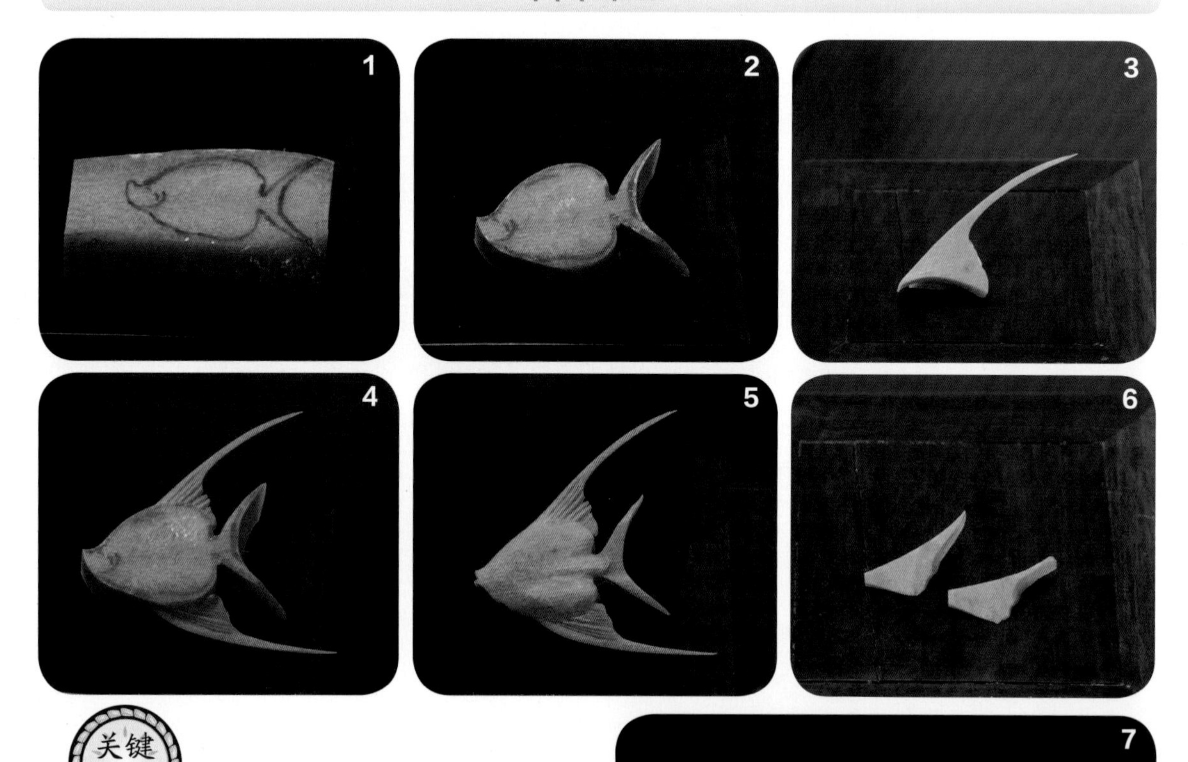

关键提示

1. 鱼的腹部不能太薄，开坯时料可适当厚些。
2. 制作轮廓时要抓住神仙鱼的特点：头小、身体短、背鳍和腹鳍细长与身体一起如弓形。
3. 鱼嘴上翘更显可爱。
4. 组合鱼体时要及时修整外形。
5. 安装时要注意高低与前后的位置，使其空间布置合理。

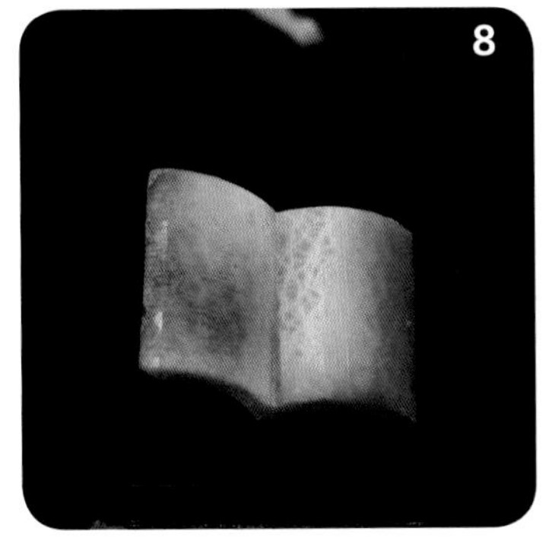

制作过程

1. 取胡萝卜切成长形厚片，用水彩铅笔画出神仙鱼的身体轮廓。
2. 用主刀刻下鱼的身体轮廓，注意头、身、尾的位置与比例。
3. 另取薄片胡萝卜刻出神仙鱼的背鳍与腹鳍，用V形戳刀刻上鱼鳍上的纹理。
4. 将背鳍与腹鳍粘接在鱼的身体轮廓上，并用刻刀修顺线条。
5. 修薄鱼头两侧，同时削薄鱼的尾部。将身坯上的棱角修去，使身体的面到背鳍与腹鳍处形成一定弧线。鱼的下腹部需外形饱满，可用U形戳刀处理。
6. 用胡萝卜刻出鱼的前后划水。
7. 刻出鱼的腮线与嘴巴，再刻出鱼的胡须后即完成鱼体的组合。
8. 用青萝卜刻出一本打开的书。
9. 另用青萝卜刻出一个水浪形纹饰，将书与水浪形纹饰粘接好。
10. 将书与水浪形纹饰安装在一个圆饼形的萝卜上，形成安装用的底座。
11. 另外再刻一条鱼、水草、气泡等，将所有部件安装在底座上，完成整个作品的制作。

罗汉鱼

1. 取一块心里美萝卜，用水彩铅笔画出鱼的轮廓。
2. 用主刀沿轮廓线刻出鱼的坯体，注意布置好背鳍与腹鳍的位置。
3. 削去背鳍与腹鳍两侧的余料，旋出嘴巴与腮线。
4. 戳出鱼鳍上的纹理，并修饰身体各部位的细节，另刻一对胸鳍粘接好。

5—6. 用青萝卜刻出水草与底座。

7. 另刻一条鱼及一丛海绵，前后错开安装。
8. 将水草、海绵、气泡等组合调整好，完成整个作品的组装。

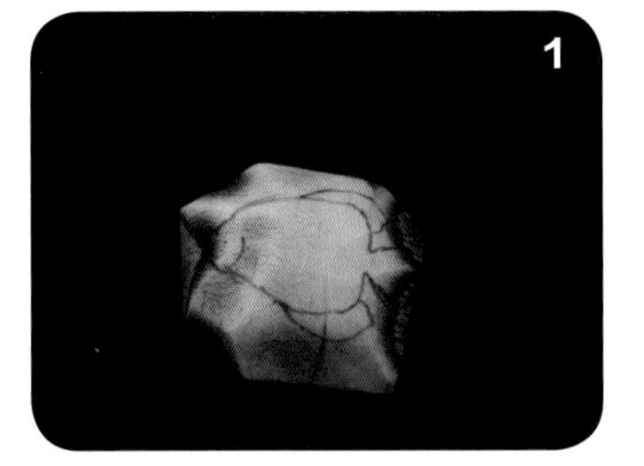

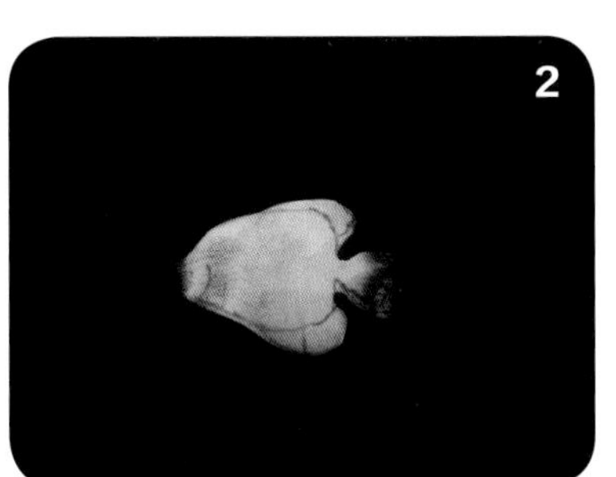

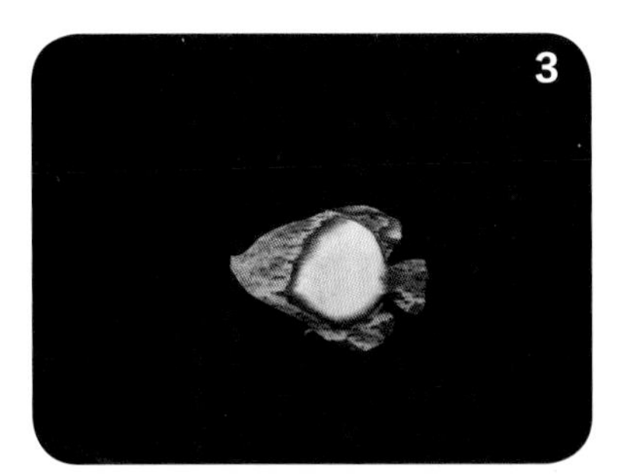

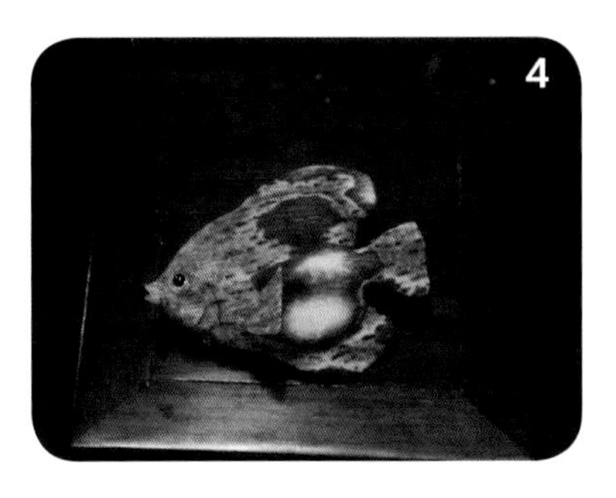

鲤 鱼

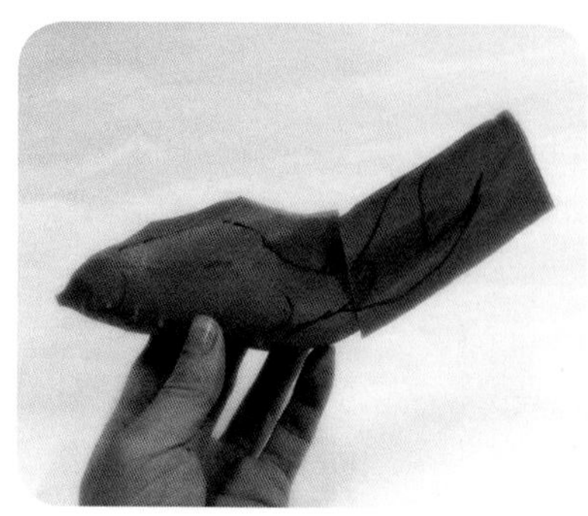

1．取一个胡萝卜，适当切薄两侧。根据所需鱼的形状将胡萝卜切断后再粘接调整，使其成为一弯曲上翘的初坯。用水彩铅笔画出鱼体粗轮廓线，并用主刀从头嘴处开始，刻出鱼的初步轮廓，注意尾鳍与尾鳍处适度留大，便于后续阶段进行调整修饰。

2．进一步修刻，完成鱼体上头、身、尾、背鳍、尾鳍的初步制作。

3．在鱼坯体的侧面用U形戳刀开出一浅槽，并用主刀修顺连接面，使得腹部肥硕、背部饱满。

4．开嘴并刻出唇线，再戳出鳃线，确定好头、身的分界线。调整修饰后用主刀刻出鱼身上的鳞片，做出背鳍与尾鳍上的细节。

5．取几片边角料，修刻出鱼的胸鳍与臀鳍的坯形块。

6．用V形戳刀与主刀完成两对划水的制作。

7．将胸鳍与臀鳍粘接好。

8．制作一个浪花底座，将鱼安装在上面完成整个作品的制作。

浪 花

1. 取一根青萝卜，切下中间粗细均匀饱满的一段，对切开后再切齐边边缘粘接处，然后用502胶水粘接在一起，注意中间不可出现过低的凹陷。用水彩铅笔画出三个水浪的轮廓线条，其中两个向左、一个向右。

2. 用主刀沿线条边缘刻出浪花的大坯，并适当修整三个浪花头的侧立面。

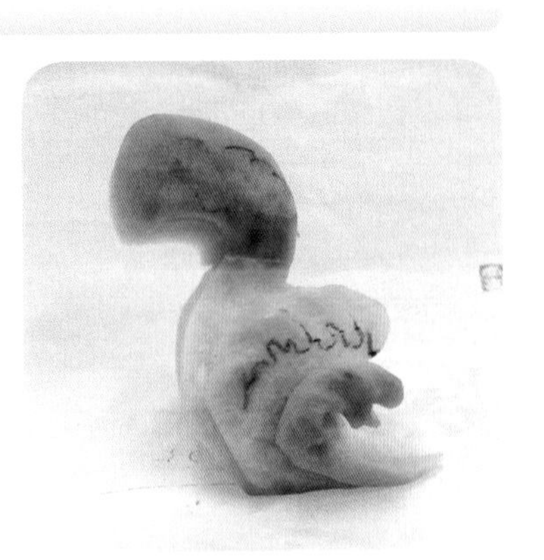

3. 用较细长的主刀沿画好的浪花边缘线刻出浪头上的细节，并用U形刀与主刀在坯面上做出起伏状的水纹，并开出浪头顶上的水。

4. 自下向上、由前向后分别做好三个浪花的立体起伏面，并处理好细节。

5. 完成整组浪花的雕刻，并在边角位置用切下的小料刻一些小浪花作为补充点缀。

6. 用主刀与U形戳刀进一步修刻后，将表面用水砂纸打磨光滑完成整个作品。

大 虾

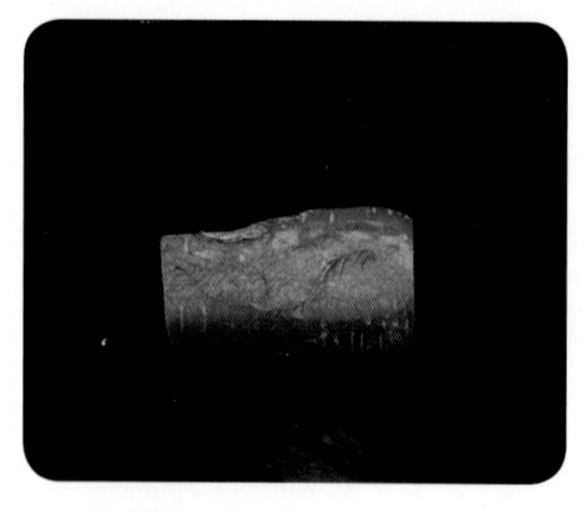

1. 将胡萝卜切成长形厚片，画出虾的轮廓。

2. 开出虾背上的线条，注意把握头、身体、尾巴各部位的位置与比例。

3. 从头部开始刻，首先刻出虾枪与颚片。

4. 划出头、身体的线条，批掉废料，确定头、身体与划水的位置。

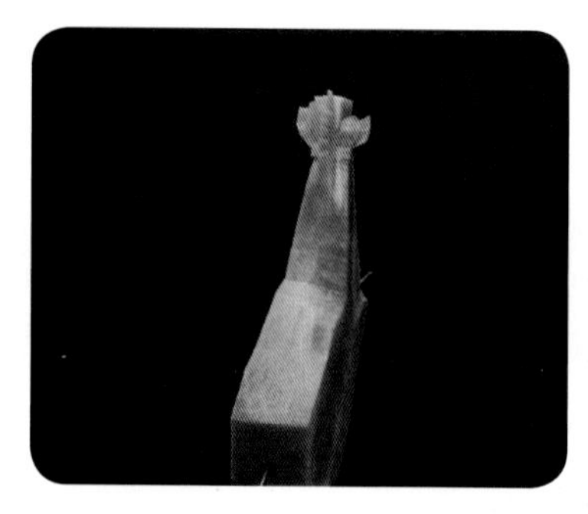

5. 修去虾头两侧的料，确定虾头的形状。

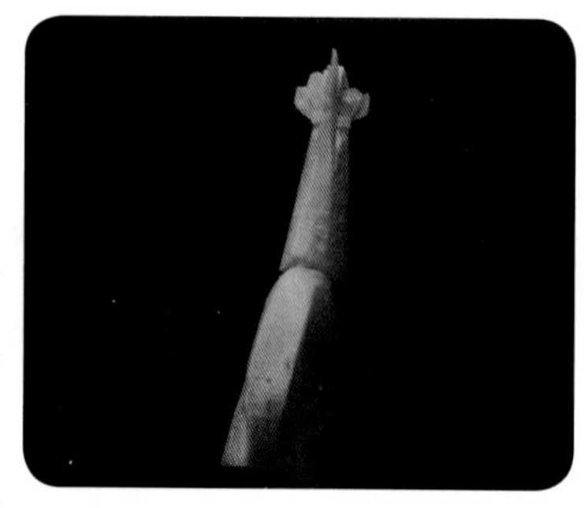

6. 修掉虾身体两侧的棱角，收小尾巴，确定虾身体的形状。

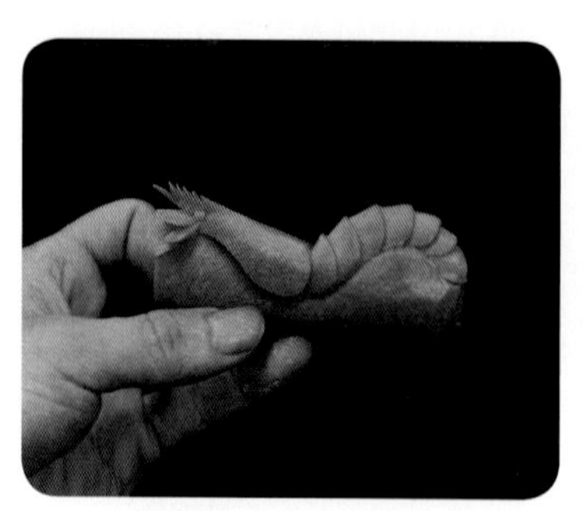

7. 刻出虾身体上的环形肢节。

8. 刻出尾部的针刺与划水。

9. 确定腹部划水的形状后，修掉腹部的余料。

10. 刻出虾腹部的划水。

11. 另取两片胡萝卜刻出虾脚。

12. 制作一对细长的触须，将各部分的部件用502胶水粘接后完成虾的雕刻。

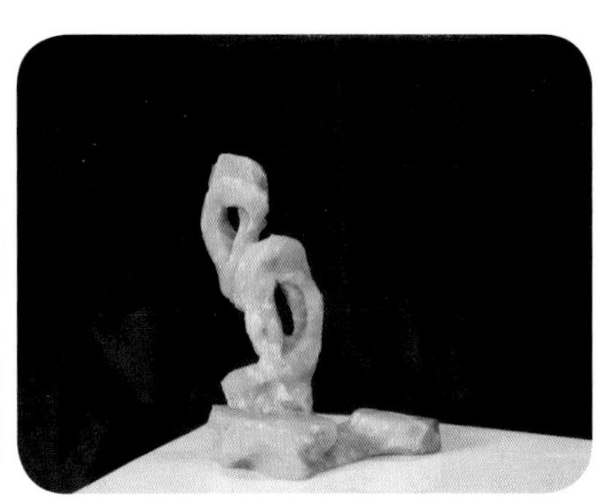

13. 用青萝卜制作一个小假山底座，另备一些水草等，用于安装组合作品。

1. 虾的体形修长而侧扁，分头胸、腹部、尾巴三部分，开坯时需确定各部分的比例。
2. 虾头要上翘，腹尾可下弯，尾巴要呈扇形展开。
3. 雕刻时，虾身不要太直，但也不能刻成过于卷曲的形状。
4. 刀法要熟练，防止产生过多的刀痕。

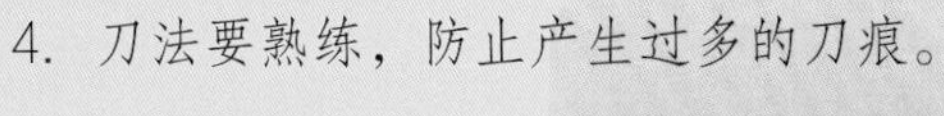

水 桶

1. 将胡萝卜稍大的一端切下一长圆柱形的料，长与宽的比例约为2.5∶1。

2. 用主刀修整坯体，将水桶的底部适度修小，用水彩铅笔在上部画出水桶提手的线条。

3. 沿着水桶提手线条切去两侧废料，形成坯体形状。

4. 用水彩铅笔画出水桶提手的细节及桶身上箍的线条。

5. 用主刀挖出水桶提手，用三角戳刀戳出水桶箍的轮廓。

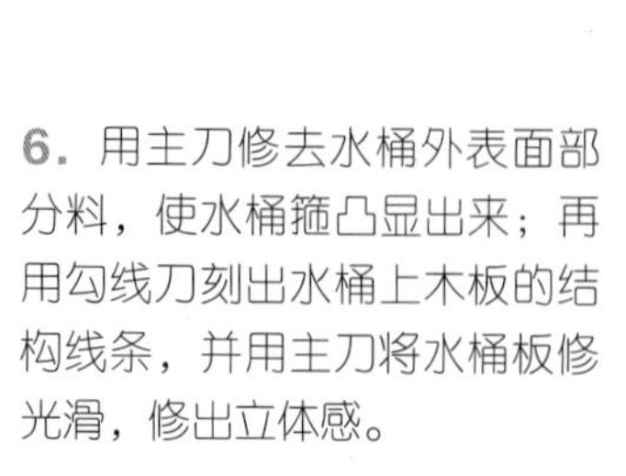

6. 用主刀修去水桶外表面部分料，使水桶箍凸显出来；再用勾线刀刻出水桶上木板的结构线条，并用主刀将水桶板修光滑，修出立体感。

7. 用砂皮打磨后完成水桶的雕刻。

蝴　蝶

1. 取一块胡萝卜，削成前窄、后稍宽的厚片，并在其上面画出蝴蝶的身体轮廓。

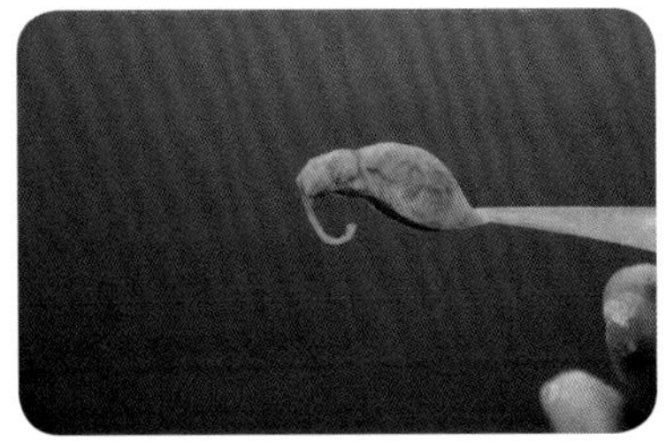

2. 用主刀将蝴蝶身体刻出来。

3. 削去棱角，确定头、胸、腹、尾的形状，并戳出纹理细节。

4. 用心里美萝卜刻出蝴蝶的大翅与小翅共四片。

5. 协调整理翅膀与身体的比例及安装位置。

6. 在翅膀上镂空后，粘嵌其他颜色的原料。

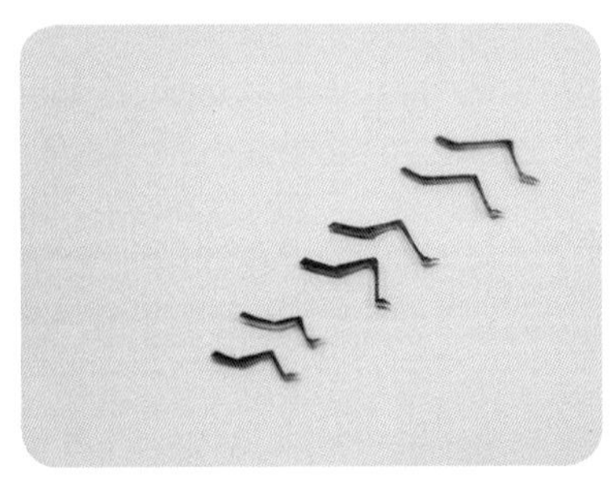

7. 另用青萝卜皮刻出三对脚。

8. 将上述所有的部件组合成蝴蝶。

螳 螂

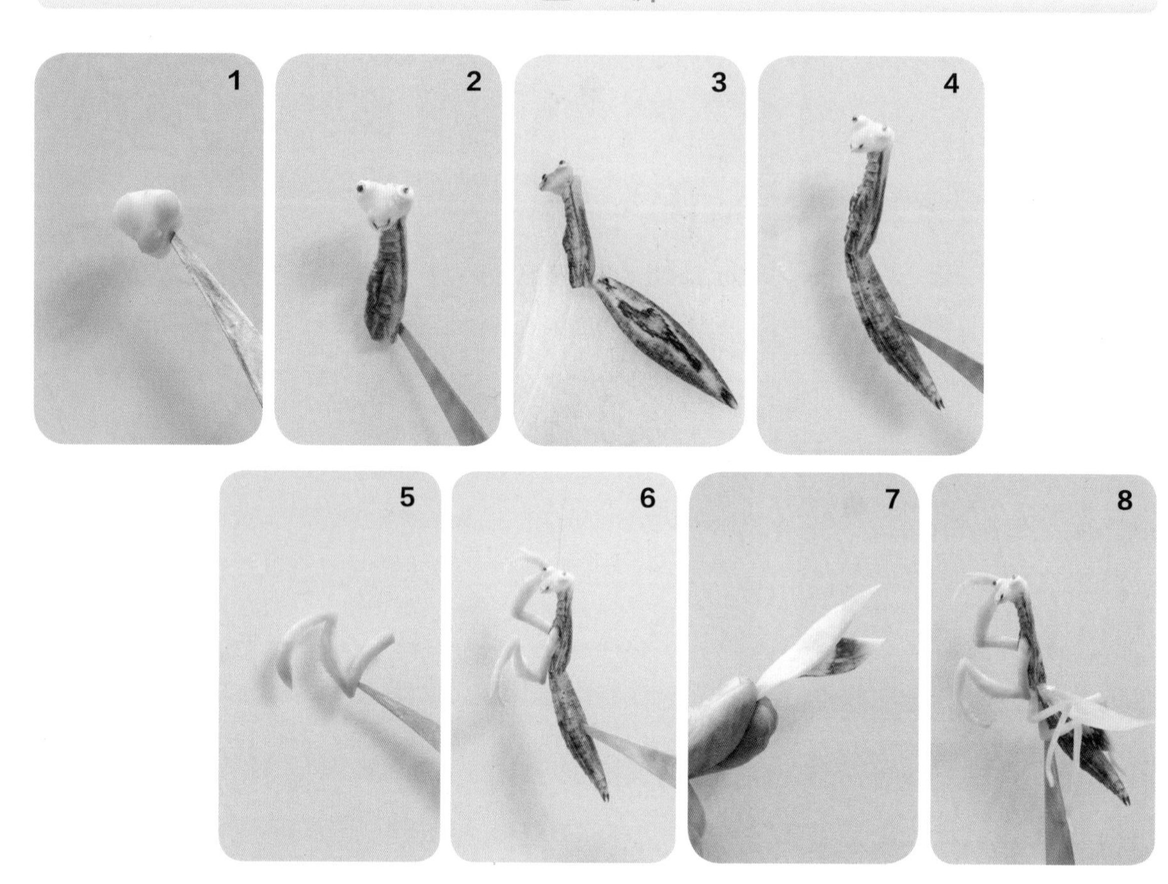

制作过程

1. 用青萝卜刻出三角形的头，并雕出眼、嘴。
2. 用心里美萝卜刻出螳螂的胸部，并装上颚片与眼。
3. 用心里美萝卜刻出螳螂的腹部，腹部大而有腹节。
4. 将头、胸、腹粘接好，做成身体。
5. 雕刻出螳螂的前足，前足粗大而长有利刺；另外刻出两对后足。
6. 将螳螂的前肢粘接在身体上，再将后肢安装好。
7. 用心里美萝卜刻出翅膀，套色分两层。
8. 将翅膀粘接在身体上完成作品的制作。

蝈　蝈

1. 取一块青萝卜，并在上面画出蝈蝈的轮廓。

2. 用主刀将蝈蝈的坯体刻出来。

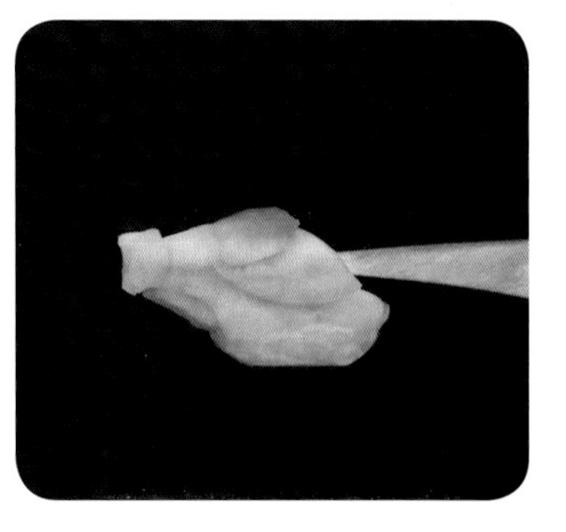

3. 刻出蝈蝈的头、颈、翅膀及腹部轮廓。

4. 仔细刻出蝈蝈的头、颈、翅膀及腹部的细节。

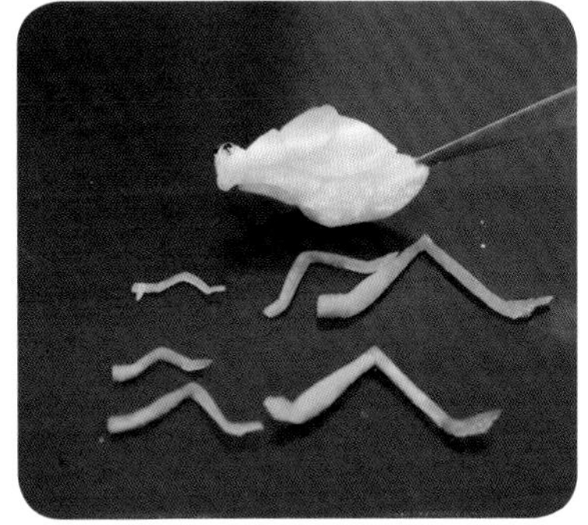

5. 刻出蝈蝈的前、后足。

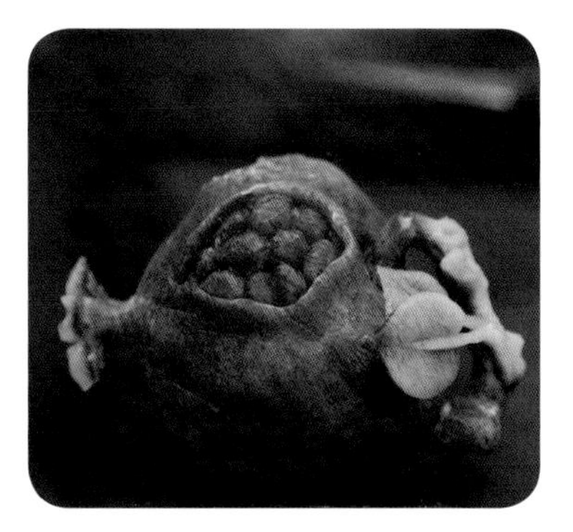

6. 另用一块心里美萝卜刻成一个绽开的石榴。

7. 将雕刻好的蝈蝈装上触须，与石榴组合在一起，完成作品的制作。

慢 慢

1. 将胡萝卜斜向切一长三角形块，确定蜗牛壳与身体的位置后，在刻壳的部分的两侧半圆弧形进刀，形成蜗牛的初坯。

2. 用主刀进一步刻出蜗牛壳与身体的轮廓；用三角戳刀戳出蜗牛壳上的螺纹结构，确定身体位置后用主刀与U形戳刀做出身体与壳的细节。

3. 进一步修整刻划蜗牛的细节，刻出头、腹与足的形状， 并用水砂纸抽样打磨表面。

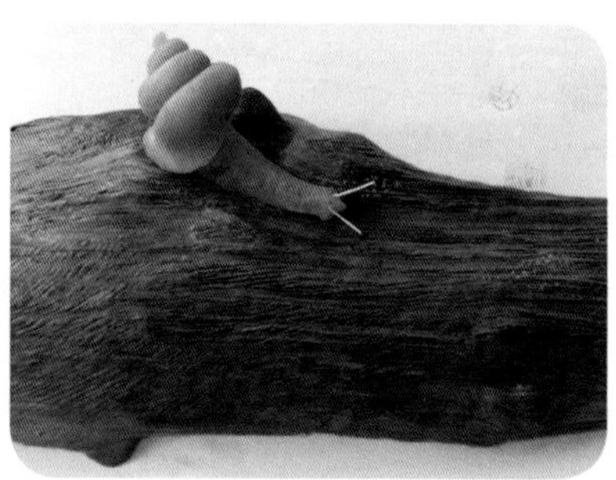

4. 用两根火柴做出蜗牛的眼睛，完成整个作品的制作。

云 朵

1. 取青萝卜，切成中间厚、边缘稍薄的形状，画出云朵的云层图案。

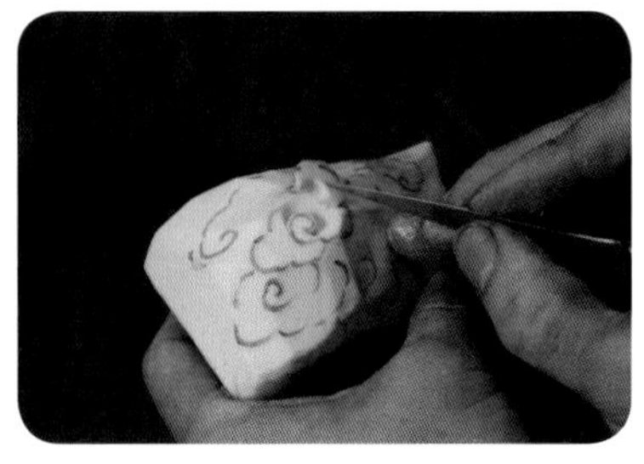

2. 从最上面的云朵开始，用竖刀刻线条、平刀剜料面的手法进行雕制。

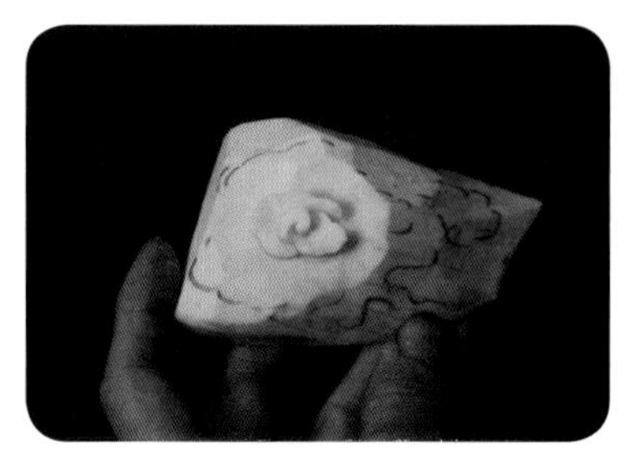

3. 刻出上面的第一个云朵。

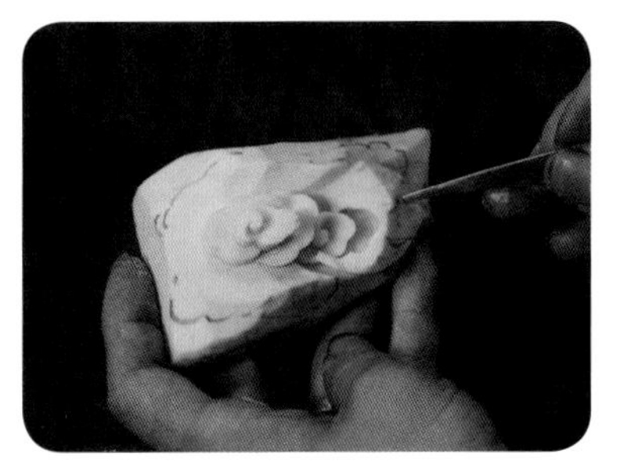

4. 用同样的方法起出一个头，完成第二个云头的雕制。

1. 取料不宜太薄，稍厚的料有利于表现云朵的立体感。
2. 走刀时线条光洁，弧形折弯在同一朵云头内不可过多。
3. 云朵应由多个云头聚集而成，云层由多个云朵聚集而成，忌单个云头过大，或单个云朵上云头过多。
4. 云朵由云头组成，同个云头上各瓣基本相平，各个云头相互分开；云朵外形最忌初看似朵花。

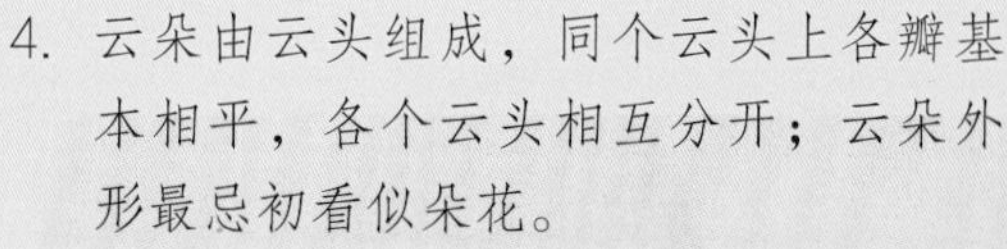

5. 完成其他云头的雕刻，外形要聚而不散，由多个云头共同构成一个云朵。

6. 修掉多余的底料，刻出云尾，适当修饰后完成作品的制作。

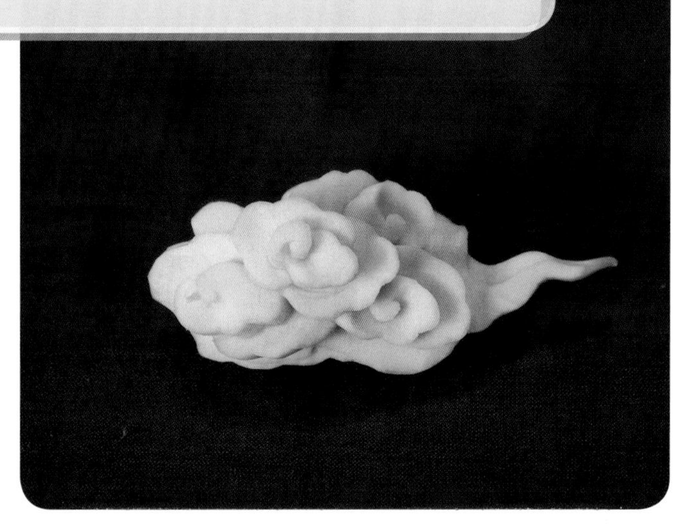

桥

1. 把胡萝卜切成长：高：厚比约为6：1：0.7的长方块，在侧面用水彩铅笔画出桥坡、桥顶及拱洞的线条。

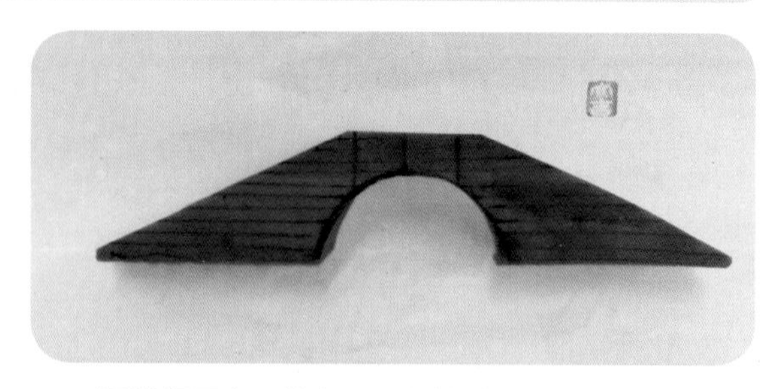

2. 沿线条用主刀修割取出桥身的大坯。

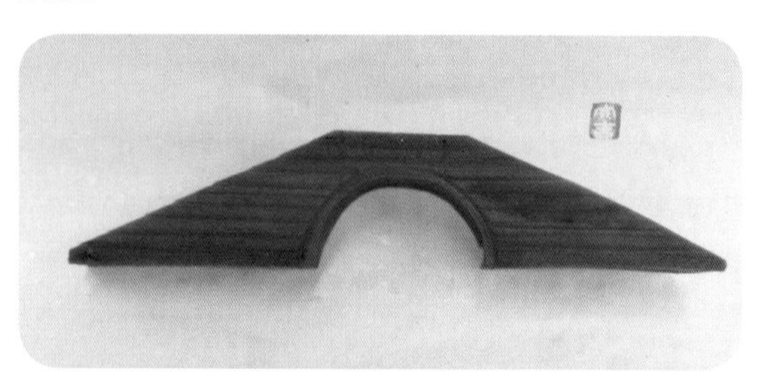

3. 在两侧用勾线刀沿拱洞划线确定桥拱的形状；再横向划出线条，确定桥身堆砌石头的结构。

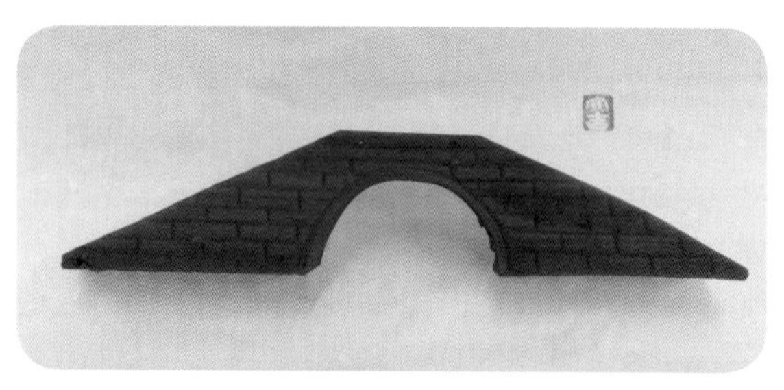

4. 在桥身两侧用勾刀竖向分割已划好的横向线条，使其呈现石头错开堆砌的效果。

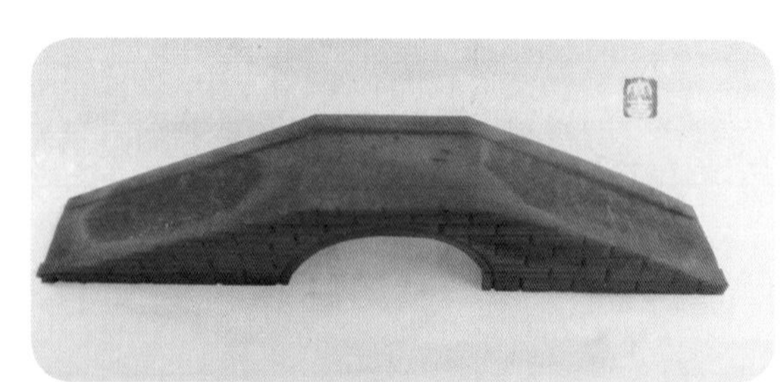

5. 将两侧已勾画好图案的料切下，再把中间块料适当削低后在两侧坡面上刻出台阶。完成桥顶面板与台阶的制作后将两侧料粘接回去。

6. 用少许青萝卜刻出桥名板与几片简单的荷叶后，组合完成作品的雕刻。

禽鸟类雕刻

食品雕刻禽鸟类造型常被用于高档宴会、酒会或冷餐会等，对于增进喜庆情谊、活跃宴会气氛起着积极作用。禽鸟的种类很多，外部的形态也不完全相同，其最大的差别是在头、颈、尾这三个部位。与花卉类雕刻比较而言，其结构更加复杂、造型变化更多、雕刻难度更大。食品雕刻禽鸟类制作工艺主要需要掌握突出禽鸟的体形和动态特征，也就是要抓住各种禽鸟的头、颈、身、翅膀、尾、爪子、羽毛及瞬时动态八个特征。同时作为雕刻题材的禽鸟绝大多数是自然界真实存在的，食品雕刻是一个艺术创造过程，在突出主体特征的同时还需做到体态灵活，因此常常会采用变形、夸张等艺术加工手段。对于一些不重要的或是太复杂的部位，可以省略或简单化处理。学习禽鸟类雕刻时应遵循先简后难的规律，从简单的小型禽鸟类开始练习。在作品的姿态造型及神态刻画上应从基本的、常规的开始，操作者只有由浅入深、循序渐进开展练习，才能逐步提高禽鸟类雕刻水平。

禽鸟头部

禽鸟头部可分为上面、下面、颜面三部分。禽鸟的头部包括眼、嘴、脑门、腮部等，各种禽鸟的特征不一样，头部特征区分最明显：有的头部有头翎，有的没有；有的是长嘴、勾嘴、短嘴，有的是扁嘴等。头部细节是不同种类的禽鸟的特色所在，刻画出禽鸟头部各自的特点是做好禽鸟类雕刻的最基础也是最关键之处。

禽鸟翅膀

各种禽鸟的翅膀结构规律大致相同，只是长短、大小有所差别。禽鸟翅膀上的羽毛自前到后分别是小覆羽、中覆羽、大覆羽；小覆羽为鱼鳞状，中覆羽稍长些，大覆羽最长。大覆羽在鸟类飞翔时运动的角度最大，发挥主要功能，所以大覆羽也称飞羽。根据翅膀张开的大小角度，造型一般可分为闭合、微张及飞翔的三种类型。禽鸟翅膀的雕刻有其规律，不论是飞翔时张开的大角度还是休息时的闭合状，雕刻时可先刻出2～3排鱼鳞状的小覆羽，再雕刻稍长的中覆羽，最后雕刻最长的大覆羽。羽毛要随着翅膀的造型做相应排列分布。

禽鸟尾部

禽鸟尾部的羽毛结构规律大致相同，尾羽也有大小、长短、阔狭之分，但是同样是小覆羽在前、大覆羽在后，有的还有边羽。从外形轮廓来看，尾羽的正式形状有平尾羽、圆尾羽、弯尾羽，燕子的剪尾羽，寿带鸟的长剪尾羽，孔雀的开屏尾羽，凤凰的长梳状尾羽，锦鸡的剑形尾羽等。

禽鸟身体结构特点

中国花鸟画讲究“鸟形不离球、蛋、扇”，也就是说鸟头为球形、躯体为蛋形、尾巴为扇形。在雕刻过程中，操作者可根据鸟的绘画方式，在原料表面勾勒出鸟的大体形态再进行雕刻，这种定型方法称为图画法；还有用几何法进行定型的，可将鸟的身体结构划分为几个几何块形，如身体是椭圆形的、脖子是梯形的、头是球形而尾巴是扇形的。在制作轮廓粗坯时可将鸟划分成四面八棱来理解，即鸟背一个面，腹部一个面，躯干两侧两个面，四个面相交处的大棱角去除后共计四大面与四小面（亦称“四面八棱”）。鸟头、鸟腿、鸟尾都可用这个方法来切制粗坯的。

禽鸟类雕刻造型设计

（1）当雕刻作品是两只鸟时，最好一只在上，另一只在其对面的下方，这样上边的鸟俯视，下边的鸟仰视，遥相呼应。

（2）两只禽鸟在呼应的同时，首尾随姿态的变化也要变化，做到灵活多变。

（3）需要注意的是，禽鸟是作品中的主体物，一定要大一些；树枝是附属体要小一些，树枝只能作为陪衬物来衬托主体。

（4）禽鸟在构图设计时重心一定要稳，在雕刻每一件作品时，都要考虑到它的重心是否稳定。

（5）雕刻作品时应注意鸟的视线要集中在主题上，要做到聚散得体，尤其是禽鸟，要充分体现嬉戏、舒羽、啄食、栖息、飞翔等姿态，使其富有情趣，形象逼真、传神。

（6）禽鸟的陪衬物应与禽鸟的生活习性相吻合。猛禽类一般配松柏、怪石、枯木、云彩、水浪等；水禽类可配荷叶、芦苇及其他水生植物；家禽类可配瓜果、蔬菜、竹编、篱笆等；孔雀和凤凰一般配山石、树木、牡丹、月季等；各种杂鸟一般配各种花卉、果实、树木等。

（三）禽鸟类雕刻实例

实用的鸟头

1. 把胡萝卜切成上窄下宽、前小后大的斧棱形，并在原料上画出鸟头颈的外形。

2. 沿所画的线条，将嘴巴上方额头前端的料割掉，突出鸟头上嘴与额的轮廓。

3. 把鸟嘴料先刻成三角形，再修掉两侧棱角，开嘴取出废料，确定上嘴壳与嘴角线。

4. 圆弧形走刀取出下嘴壳下的料，注意把握嘴与线条和胸颈部的连接走势。

5. 倒掉下嘴处的棱角，左右刀将喉颈处略向内收小。去掉后脑部料，定下整个鸟头的形状。

6. 用U形刀开出鸟头的眼线、脸庞轮廓以及嘴角绒毛的位置，确定头翎位置，深度大些更有层次。

7. 确定双眼的位置后，主刀刻出眼眉线，并将眼眉线上料薄薄批去一层。

8. 紧贴眼眉线刻出过眼线，并把要刻眼睛的位置修成一个鼓起的长圆球形。修整走顺嘴角与眼眶。

9. 用主刀修整脸庞与绒毛处的块面，使其外形饱满、光洁。在上嘴根上刻出嘴鞘与鼻孔。

10. 精修外形后用水砂纸打磨光洁，剜去前半个眼睛后装上仿真眼。

11. 用勾线刀拉出鸟头脸庞与嘴角上的绒毛。

1. 鸟头上嘴、额、脸、颈等各部位的比例要恰当、准确。
2. 下嘴壳比上嘴壳略短小些。
3. 嘴壳前尖而窄，后逐渐变宽、变厚。
4. 开嘴一定要切到位，防止有张不开嘴的感觉。
5. 鸟眼睛位于上嘴壳的后边、嘴角的斜上方。
6. 重点处理鸟脸、喉部的细节，要层次分明。

简单的翅膀

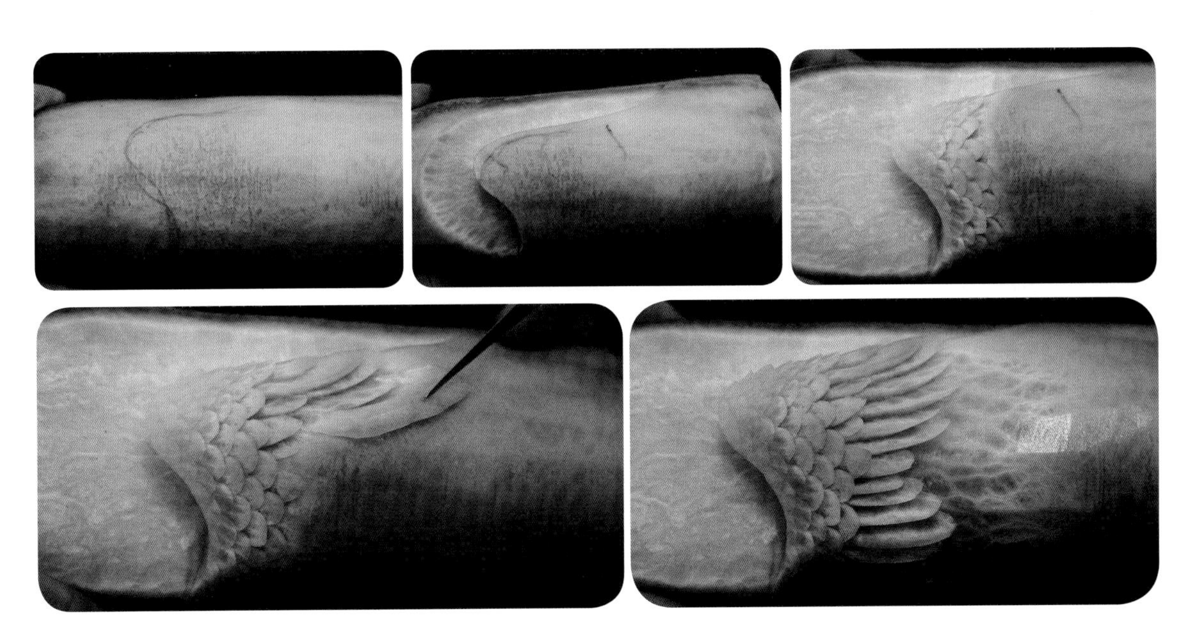

1. 取青萝卜，用水彩铅笔画出半张开的鸟翅的翅梁线条。
2. 用主刀先沿线条竖刻出翅膀外侧轮廓，再平剜去除废料。在雕刻好粗坯线条的原料上，画出不同羽毛的分布位置和结构。
3. 修整翅膀的外形，使其呈稍向内包姿势，用主刀刻出鱼鳞状的小覆羽，要求排列紧密、大小均匀。
4. 在小覆羽后依次刻上中覆羽与大覆羽，要外形自然、形因势变。
5. 用主刀修整表面后刻上初级飞羽，并去掉飞羽下的废料，修平。
6. 用U形戳刀戳出次级飞羽，并整理成形。

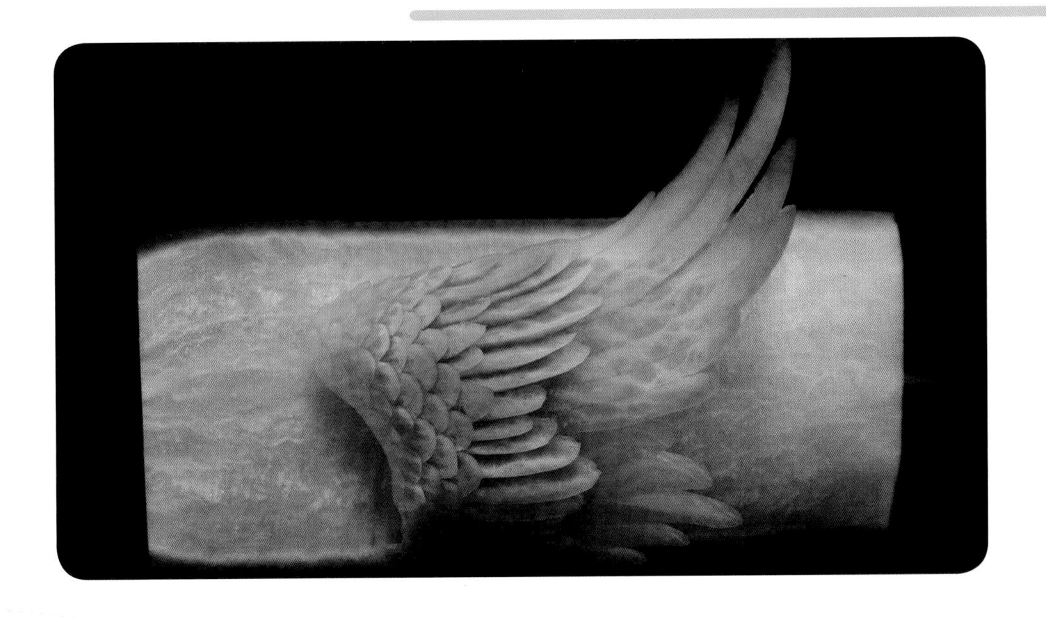

小鸟的脚爪

1. 切一长三角形的料，取面确定爪子与掌背的形。

2. 在后端左右两侧修薄料坯，同时去掉小腿上方的料，确定初步形状。

3. 去掉小腿下方的料，确定整个小腿的形状。

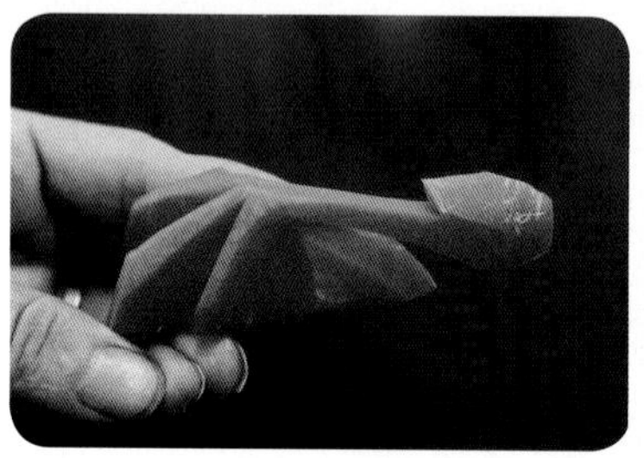

4. 确定每个脚趾的位置，用主刀剔除废料后将爪趾分开，修整出关节。

5. 去掉坯料上的棱角，从后面坯料开始，刻出后趾。

6. 依次刻出内趾、中趾和外趾。

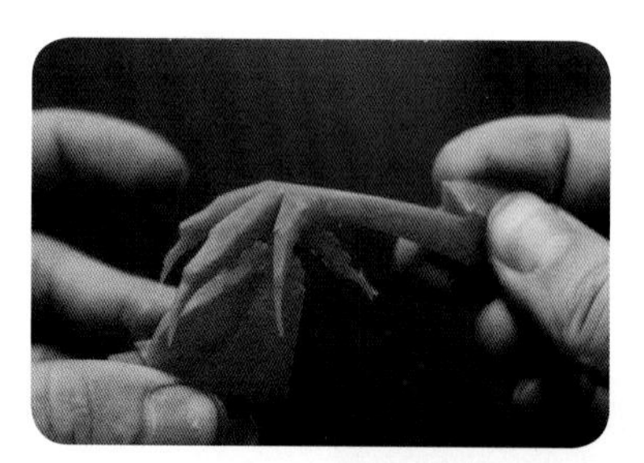

7. 刻好后取下脚爪的粗坯，去掉爪趾上的棱角并修圆。

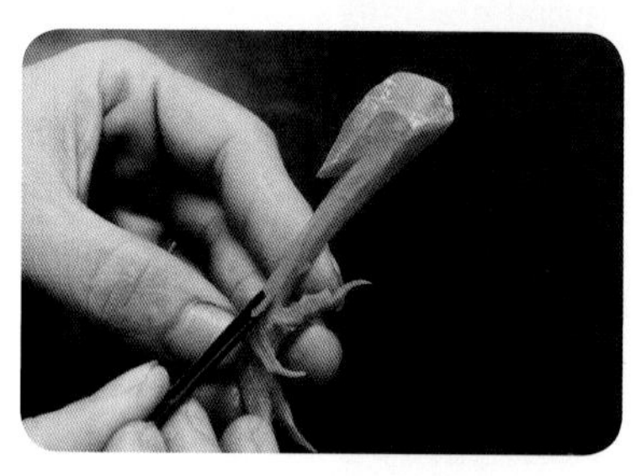

8. 用主刀雕出指甲与脚掌心，用小号V形戳刀刻出小腿和脚趾上的花纹。

9. 一个前伸抓握姿势的鸟脚初步完成。

关键提示

1. 刀具要锋利，特别是主刀一定要尖细灵活。
2. 开坯时要准确到位，成品刀法细腻，刀痕少。
3. 脚爪中的中趾最长、最大，后趾最小。
4. 要体现出关节，特别是鸟脚抓握用劲时其关节更明显。
5. 雕刻小腿、脚趾上的花纹时刀法要熟练，废料要去除干净。

鹰　头

1. 用刀切去胡萝卜两侧部分料，形成前小后大的长楔形块。

2. 从额头处下刀，刻出鹰嘴，预留鼻孔料并修出上面喙的嘴梁。在刻制过程中，保持嘴部上宽下略窄的形状，同时注意额头料留得宽平饱满些，这样有利于下一步雕刻时体现鹰头的特征。

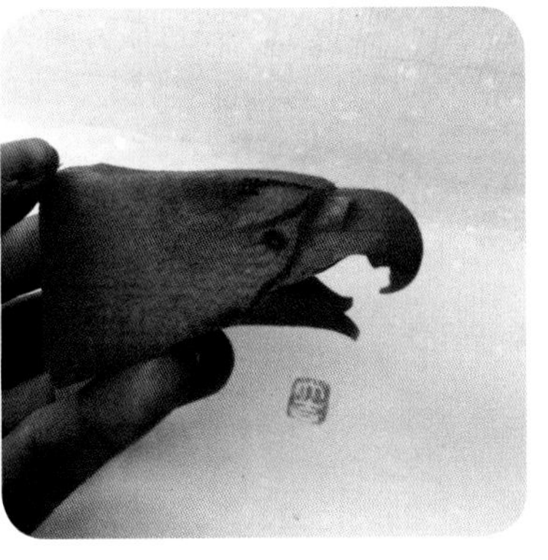

3. 刻制头脸部的细节，先用U形刀戳出眼窝、脸部肌肉等块面体，再用小刀刻划出嘴角、鼻翼线等细节。

4. 用主刀开眼（注意突出眼神，双眼向前不要横向），修去棱角打出颈部的大轮廓。

5. 从额头向后用小刀刻出鹰的颈部毛片，注意鹰的羽毛不可刻的光洁整齐，应做到羽片圆中带棱角、参差错落、蓬松粗犷。

6. 装上仿真眼后，完成鹰头的雕刻。

小鸟的制作要点

1. 切一斧头棱块料，画上鸟头的轮廓线。

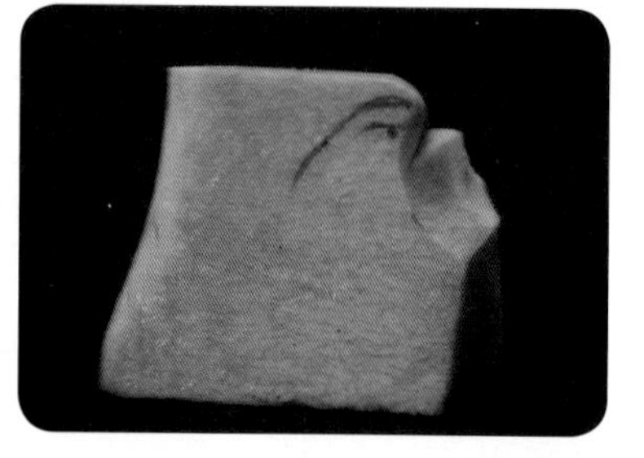

2. 前端左右刀修成三角形，修出嘴梁与额头。

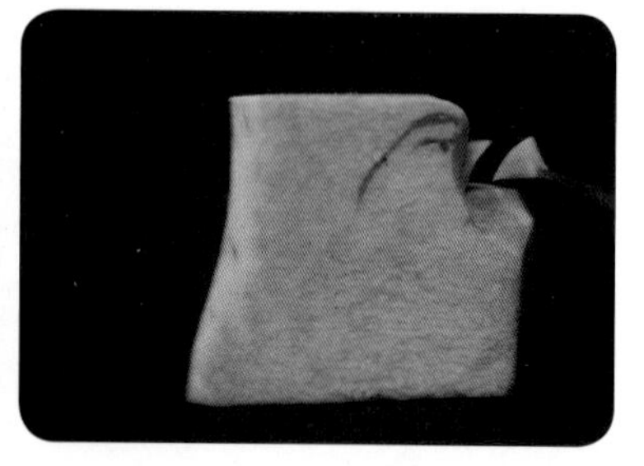

3. 开嘴，割去嘴巴内的废料。

4. 刻出下嘴壳，修去棱角，修出后脑及颈背部线条。

5. 将鸟头粘接在身坯料上，调整理好鸟头的姿势，顺出线条的走势。

6. 定下翅膀的位置，刻划并剜除翅下的废料，定好翅膀的轮廓。

7. 取另一块料，切准角度，粘接后形成刻尾坯面。

8. 修整整个坯体，确定头、颈、背翅、胸腹、尾巴的轮廓与姿势。

9. 刻出脸部的细节以及大腿的轮廓。

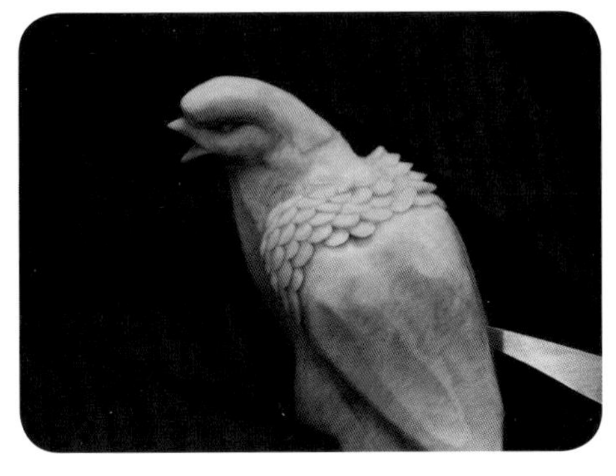

10. 刻出肩膀与翅梁上的小覆羽，并修整好刻飞羽的面。

11. 刻上大覆羽与初级飞羽，修整好刻次级飞羽的面。

12. 刻好一对鸟爪与腿根部的绒毛，粘接后装上仿真眼，完成作品。

1. 要掌握鸟类身体器官的形体特征。
2. 熟悉鸟类翅膀、尾巴上的羽毛结构。
3. 平时练习一下画鸟，刻时可在坯料上先画再刻。
4. 对前面所学的头、翅、脚的雕刻方法要认真练习与理解。
5. 手艺好也要家什好，一套锋利灵活的工具可以有效提高学习效率。

孔雀头

1. 取一块胡萝卜用刀切成上窄下宽、前端稍小的长楔形块。

2. 在坯料的侧面用水彩铅笔画出孔雀头、颈的轮廓线条。

3. 将料块的前端左右两侧削薄，刻出嘴巴与额头，注意额头适当留高些。

4. 步骤3操作后的正面与侧面呈三角形，表现孔雀头及此类大型禽鸟的特征，特别是孔雀头形的特点，在刻出额头后留料需多一些，嘴后的料适度宽大。

5. 进一步刻出嘴巴的下半部分，以及颈部的轮廓。

6. 在额头后方斜向进刀，刻出脑门；后部留高，再刻出后脑勺；划出后颈部线条，预留好脑门上修饰顶毛用的三角形料块。

7. 修去颈部棱角，用U形戳刀开出嘴角，并调整刻画轮廓细节。

8. 用主刀刻出孔雀头的眼线、眼眶，并刻出眼睛，注意眼睛的位置应处在嘴角的正上方。

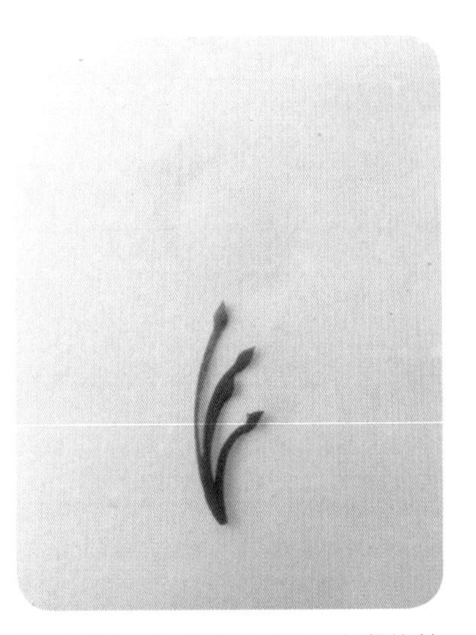

9. 另取一片胡萝卜刻出孔雀的头翎。

10. 将头翎粘接在后脑勺上。

11. 修理调整后完成孔雀头的雕刻。

凤凰头

1. 取一块胡萝卜用刀切成上小下大、前窄后宽的长楔形。

2. 另取一块料，用刀切成一头大一头略小的梯形块，用作刻头冠料。

3. 在刻头用的料的侧面用水彩铅笔画出凤凰头的主轮廓线。

4. 将料的上方两侧开薄，开出额头与嘴巴，额头留高；并刻出云纹状的肉垂。

5. 用主刀开出后脑勺、颈子的主线条，并在肉垂上刻出折皱形的花纹。

6. 将头冠料雕刻成型与已刻好的头颈部分粘接在一起，用主刀修顺。

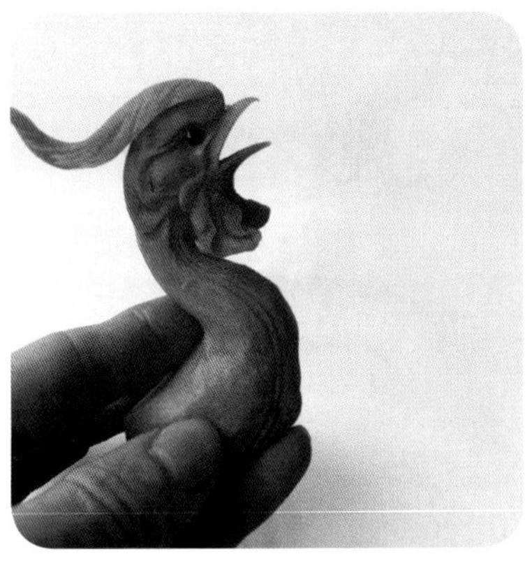

7. 用U形刀开出眼眶，并用小刀修出脸部线条，在脖颈的正面刻上装饰性的胸甲纹饰。

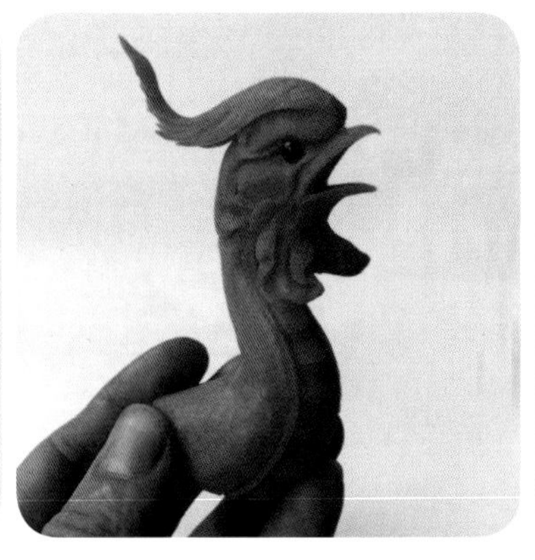

8. 在胸甲上刻出双叠形的鳞片纹饰。

9. 另取一片小料，用小刀刻画出颈部的长绶羽。

10. 在颈部的侧面粘贴长绶羽，从下至上叠加着往上安装。

11. 精细修整后完成整个凤凰头的雕刻。

鸳 鸯

快捷型仙鹤

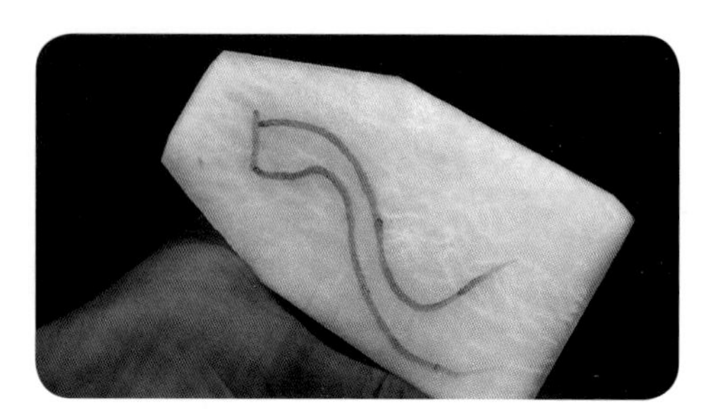

1. 切一片上薄下厚的白萝卜，画出头（不含嘴）、颈、胸线条。

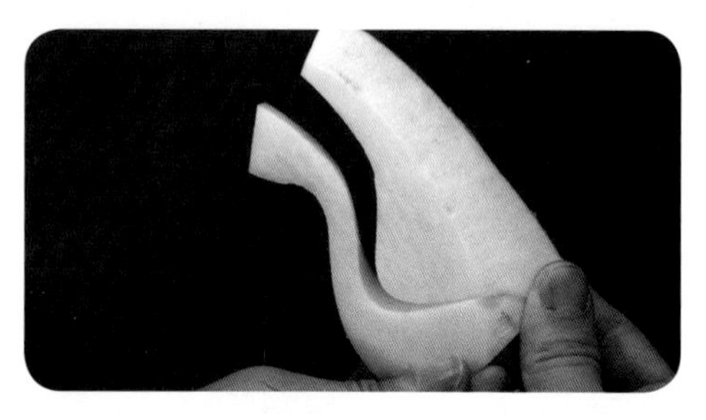

2. 用小刀刻出轮廓外形，注意协调处理下巴、喉咙到前胸的线条。

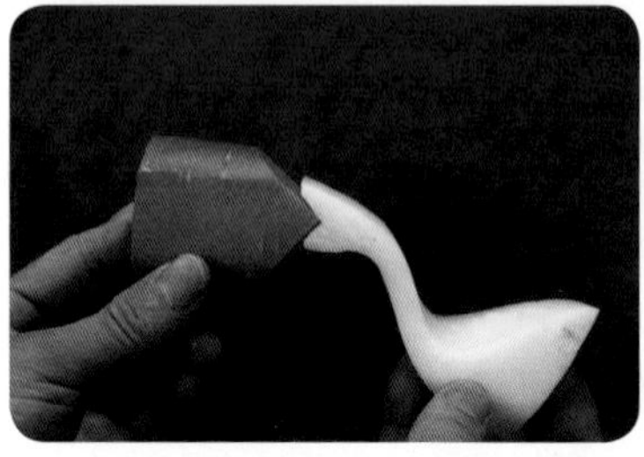

3. 在嘴角位置开一折角口，取一胡萝卜切厚片，取角合适并粘接。

4. 夹刀拉薄刻嘴坯料，先取出嘴梁，再倒掉棱角确定嘴角线。

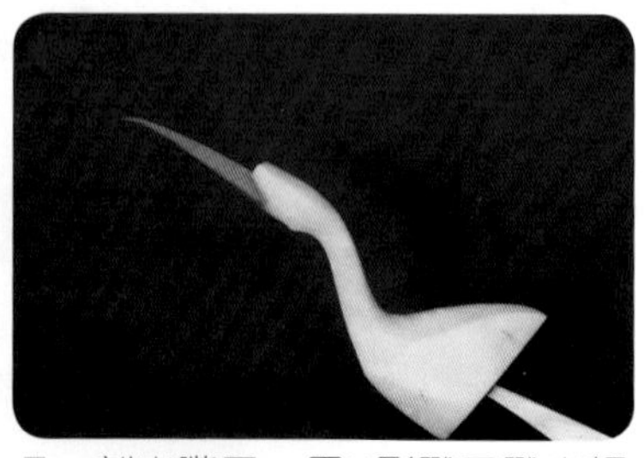

5. 刻出嘴巴，用U形戳刀戳出额头、脸、嘴角等轮廓，用主刀修整光洁。

6. 另取白萝卜切成一端小一端大的圆柱形，粘接刻好的头、颈后再画出身体的轮廓。

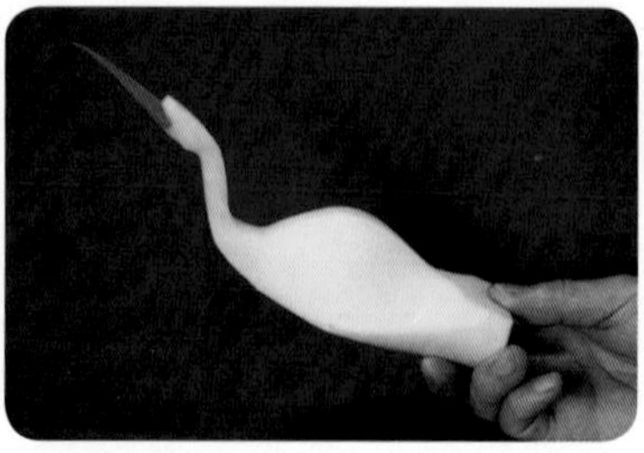

7. 用主刀开出身体大坯，从头开始向后修整外形，注意把握颈、背、胸、肋、腿、尾的形状与比例。

8. 用拉刻刀开出背腰形状，用U形戳刀开出护尾翎，割去余料，留下刻大腿用的部分。

9．取胡萝卜刻出鹤脚的坯形，注意突出仙鹤脚杆细长的特点。

10．完成仙鹤脚的制作，刻出小腿、趾上的鳞片花纹。

11．将仙鹤脚粘接好后修顺腿部线条，刻好腿、股部的形状。

12．另取青萝卜刨光表皮后用V形戳刀戳出一个扇形的尾羽。

13．将尾羽用主刀修整后粘接在护尾翎下。

14．另刻一对翅膀（参照前面章节翅膀的刻法），并对作品进行组装。

孔雀尾巴羽毛

1. 取一青萝卜块，在其表皮绿色部分画上尾翎的羽毛结构线条。

2. 用V形戳刀戳出尾羽上的条形毛片。

3. 用主刀取下尾羽片。

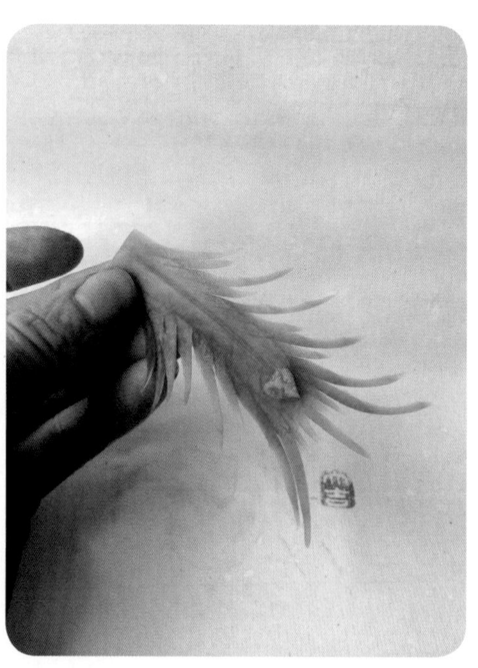

4. 另取一小块胡萝卜，刻成心形并切成薄片后，将其粘贴在尾羽片的后部中间位置即成。

丝瓜鹦鹉

丝瓜鹦鹉

大型展台作品制作

分解步骤（1）——鹦鹉的雕刻

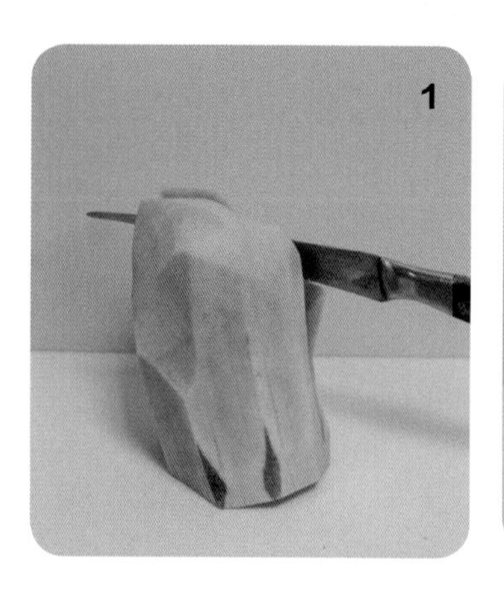

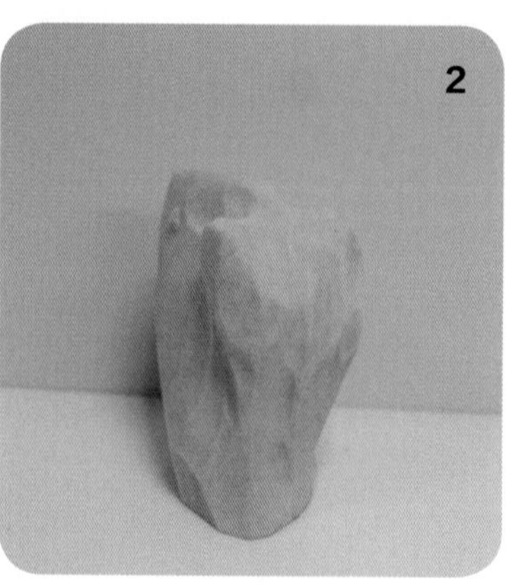

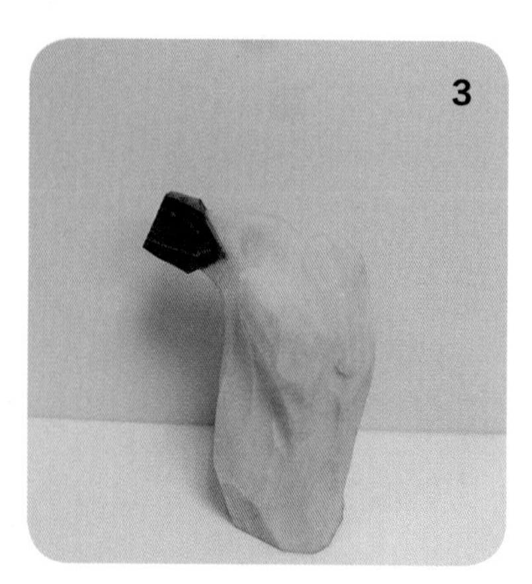

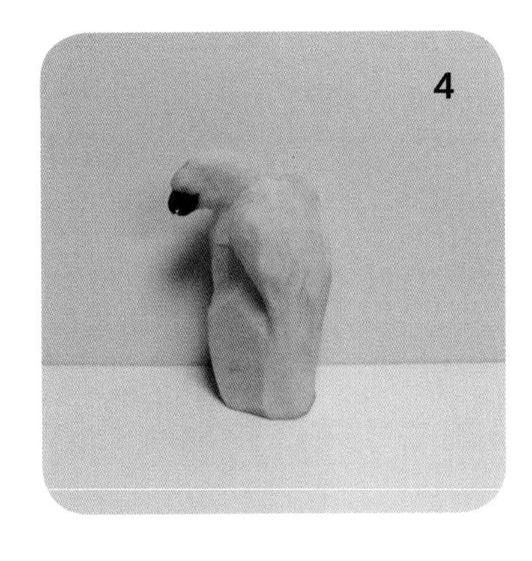

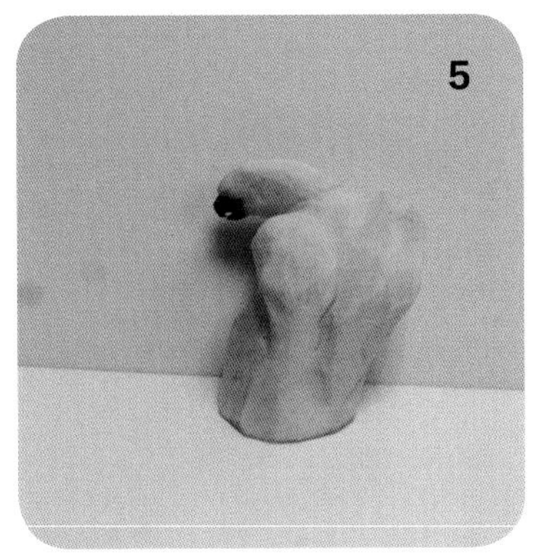

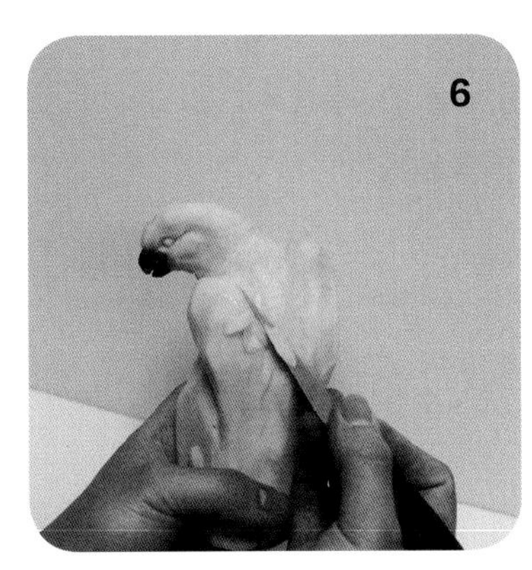

制作过程

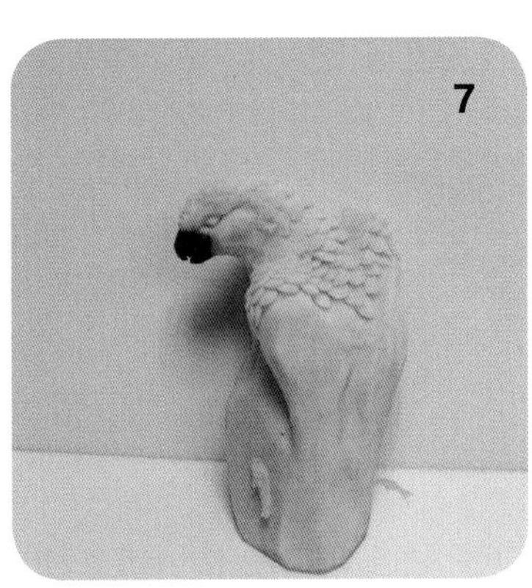

鹦鹉的躯干（头、身、翅、腿）：

1. 斜切圆柱形南瓜，斜面前方修三棱形。
2. 用主刀与U形刀开出头、颈、肩、翅、胸腹的轮廓。
3. 接上刻嘴料。
4. 刻出嘴后修整头的形状，适当调整头与身体姿势的协调性。
5. 进一步修整坯形，调整身体各部分的比例。
6. 刻出脸部细节后修整肩、翅的形状。
7. 从额头开始刻覆羽，由小到大，一直延伸至翅膀与肩缝处。
8. 细刻翅膀上的大覆羽、初级飞羽、次级飞羽。
9. 完成头、颈、翅的羽毛雕刻后，修刻好鹦鹉的腿形与尾巴的连接料。

1. 鹦鹉的嘴有点像老鹰的钩形嘴，但要短一些、宽一些。
2. 鹦鹉的头比较大而圆，脑门宽大且呈圆形。
3. 鹦鹉的脸部、嘴角稍后延，咬合肌处较饱满。

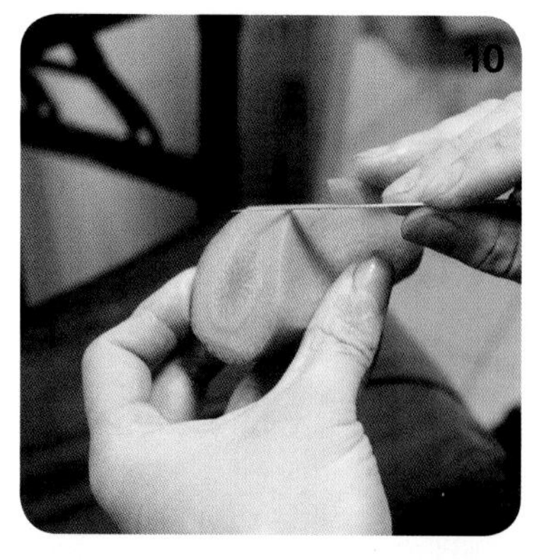

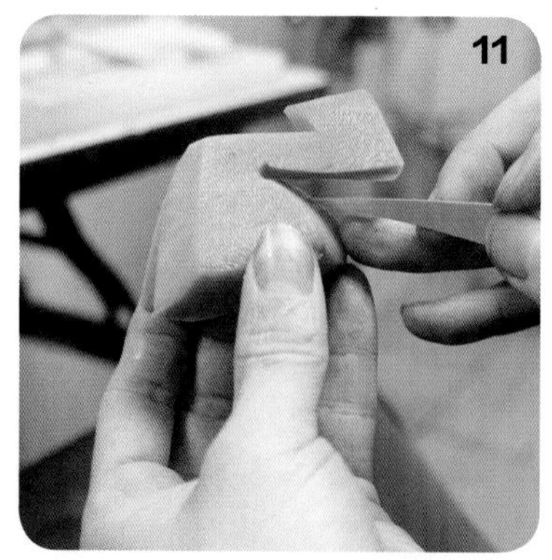

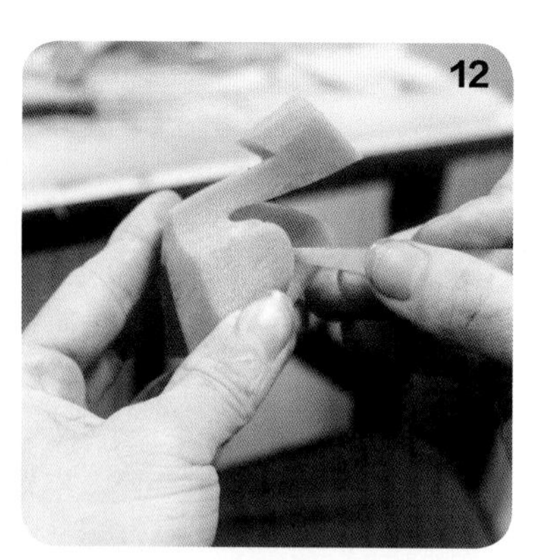

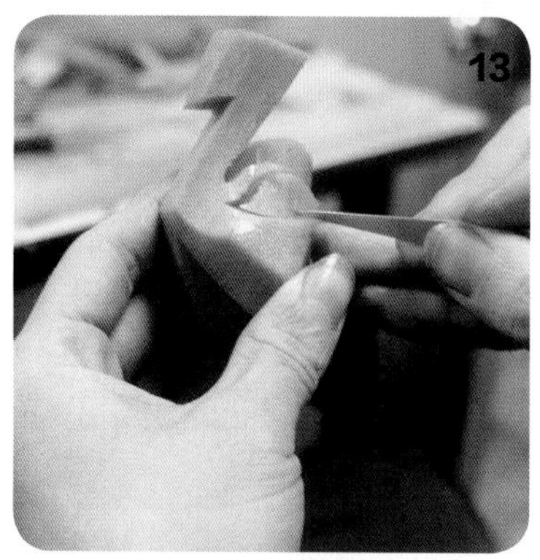

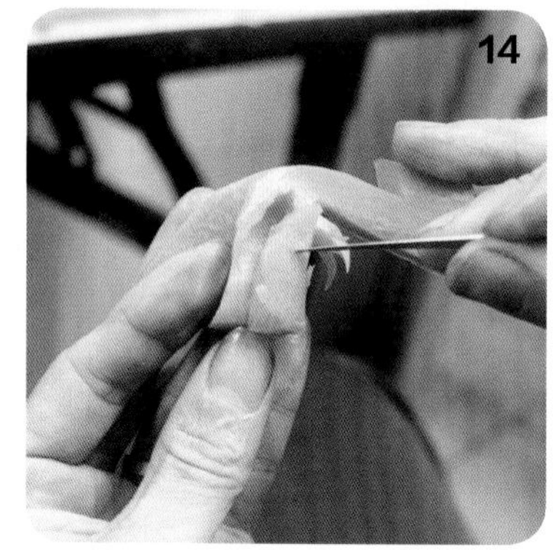

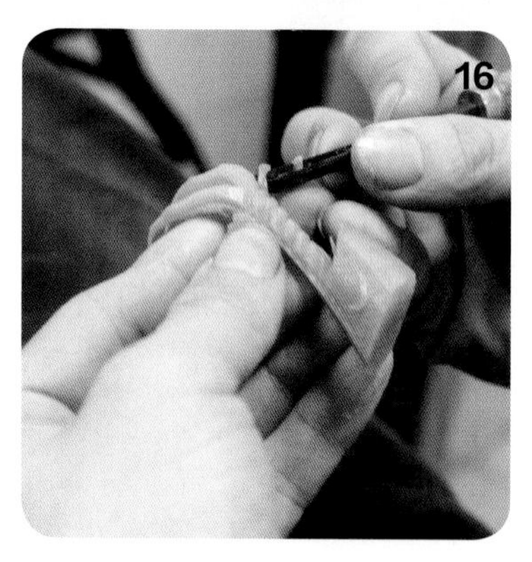

制作过程

鹦鹉的脚爪（鹦鹉是对趾形脚爪，二前二后）：

10. 取胡萝卜开出鹦鹉脚爪坯料，用主刀修整小腿、掌背、脚趾的大形。
11. 确定前后四个爪子的位置，用主刀剔除废料。
12. 刻出后侧内趾的轮廓。
13. 取下废料后刻出第一个后侧内趾，用同样的方法刻出另一个后侧外趾。
14. 刻出前侧的两个脚趾。
15. 剔除余料后得到如图⑮所示的鹦鹉脚爪毛坯。
16. 倒去趾、胫上的棱角，修整爪尖与关节的形状，用小号V形戳刀刻出表面鳞片状花纹。

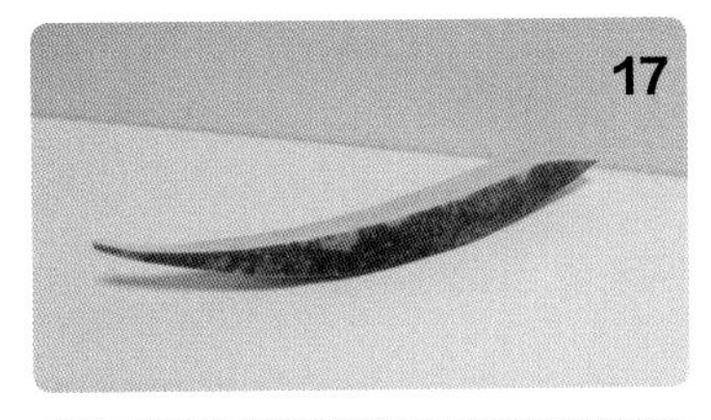

17

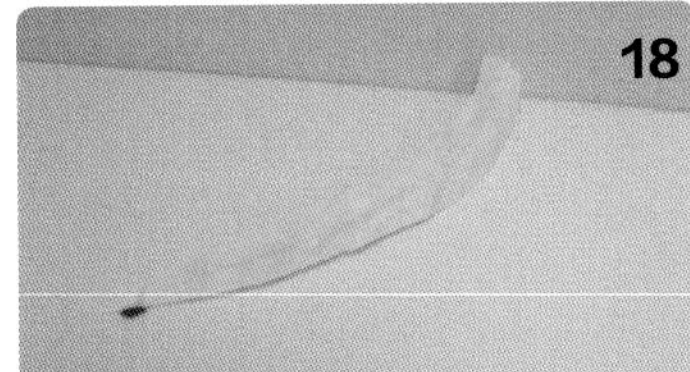

18

19

20

制作过程

鹦鹉尾巴制作与组装：

17. 将南瓜刻成长柳叶形，外形狭长，线条流畅。
18. 用主刀与拉刻刀旋出尾翎上的细节，处理好羽茎与纹饰。
19. 用单根刻羽毛的方法完成一组尾毛的制作，注意羽毛大小与左右方向的合理安排。
20. 用青萝卜刻一组小尾翎，从鹦鹉的尾部开始组装。
21. 另刻鹦鹉的头冠、腿上的绒毛，完成鹦鹉的组装。

21

分解步骤（2）——丝瓜的雕刻

22

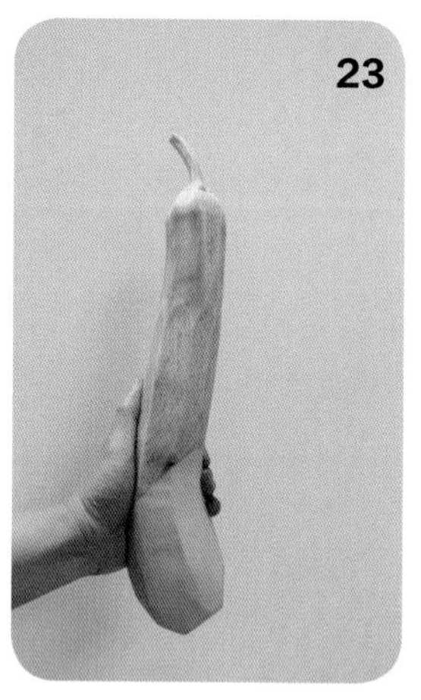

23

24

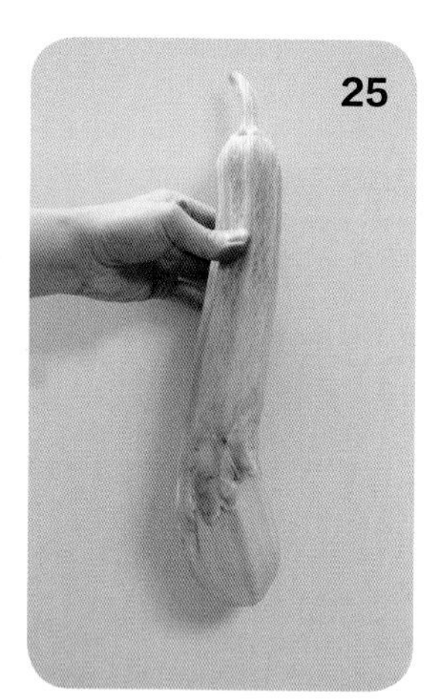

25

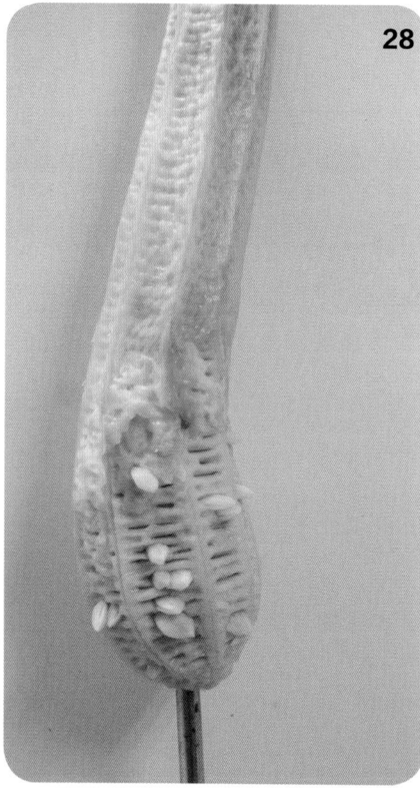

28

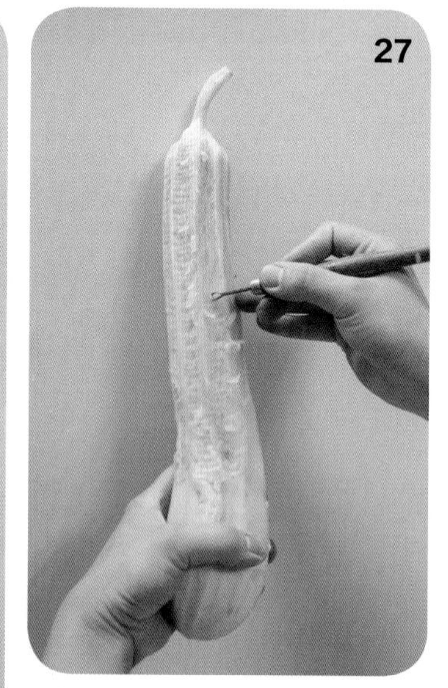

27

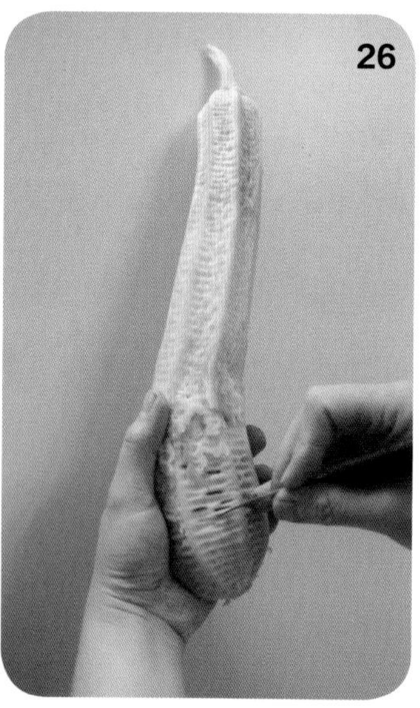

26

制作过程

丝瓜的雕刻：

22. 取青萝卜在小的一头刻出瓜的蒂与部分的茎蔓。
23. 刨去外皮后斜向粘接上一截南瓜，并修整好外形。
24. 用掏刀刻出丝瓜外表的起伏状瓜棱。
25. 在接口处用青萝卜皮粘接掩饰刀口。
26. 用小号圆口接拉刻刀刻出瓜皮的纹理。
27. 用主刀刻出外露的丝瓜茎脉上的网格状小孔。
28. 用南瓜刻一些瓜子粘插在孔中完成丝瓜的制作。

分解步骤（3）——作品的组装

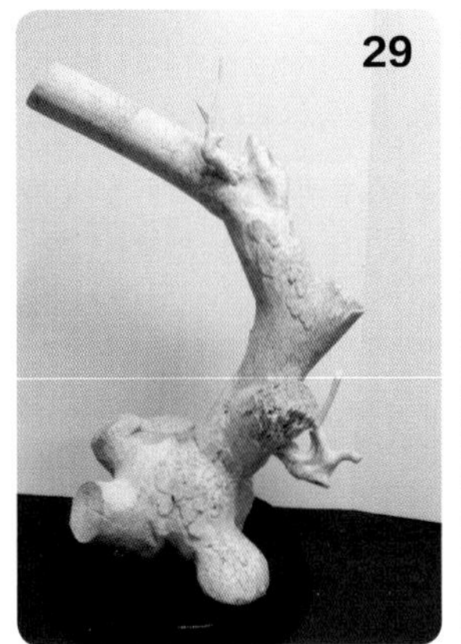

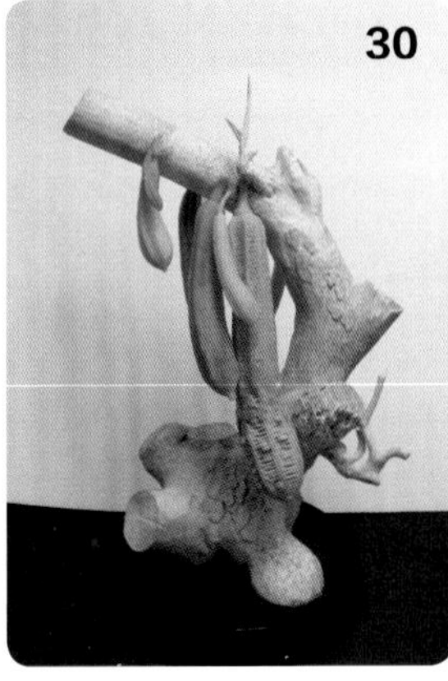

制作过程

丝瓜鹦鹉的整体组装：

29. 用香芋刻一个大形的树桩，作为组装作品的支撑物。

30. 将丝瓜安装在合适的位置。

31. 粘接丝瓜茎蔓。

32. 装上丝瓜叶、小草、螳螂等。

33. 把鹦鹉安装在树枝的高处，调整好位置与姿势，修饰好整个作品的细节。

（四）兽类雕刻实例

兽类雕刻

食品雕刻中兽类造形的品种很多，均可采用象形和变形、夸张卡通式来进行的形式来进行构思和塑造，但是必须事先了解清楚筵席或宴会的宾主宗教信仰及风俗习惯，或者少数民族的禁忌、忌讳习俗，不能构思雕刻不相宜的兽类造型，以免产生不必要的麻烦。

雕刻走兽类造型除突出各兽类的体形特征外，重要的是要突出各种兽类的瞬时动态特征，同时要选取一个最佳的角度来反映该特征，必要时还可以用夸张的手法突出动态的特征部分，以取得更好的效果。

兽类雕刻制作要点

造型　用雕刻的手法表现兽类，要做到比例结构准确、形态逼真、动态自然、特征分明。

形式与表现手法　根据不同兽类的生活环境和习惯，分析和认识动物的体形、活动姿态、习性等，结合写实、夸张、装饰等手法来塑造其完美形象。

1. 根据不同兽类躯体各部的解剖关系，掌握不同动物的结构特点。
2. 每种动物都有其各自的器官比例与尺度，另需根据其伸展、蜷缩、蹲伏、跳跃时结构的不同所呈现的不同变化。
3. 动作迟钝的兽类体形肥胖，反应敏捷的兽类多偏于瘦型。

兽类雕刻造型设计

1. 对整体姿态及重心垂直的要求

在设计兽类作品时，要提前将兽类的姿态进行合理安排和布局，然后再设计基本动势，作品完成后重心一定要稳，不能倾斜。

2. 对陪衬物的要求

在设计兽类造型时，应根据兽类的生活习性选择陪衬物，从而使得陪衬物能更好地烘托气氛、渲染气势。

兔　子

兔子是食草动物，上唇中部短而上翘且呈三瓣嘴，牙齿锐利，耳长尾短，喜食蔬菜瓜果。

1

2

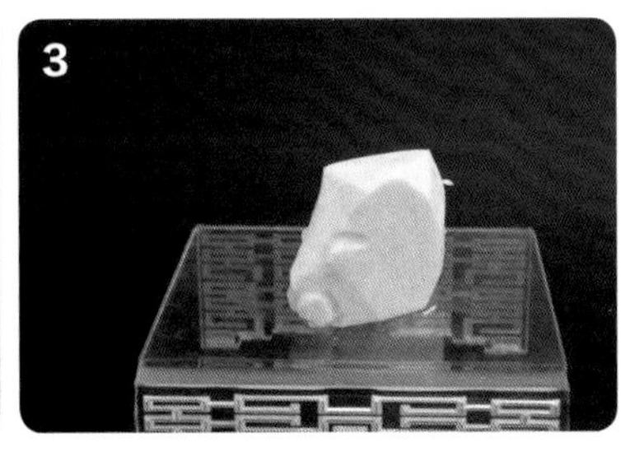

3

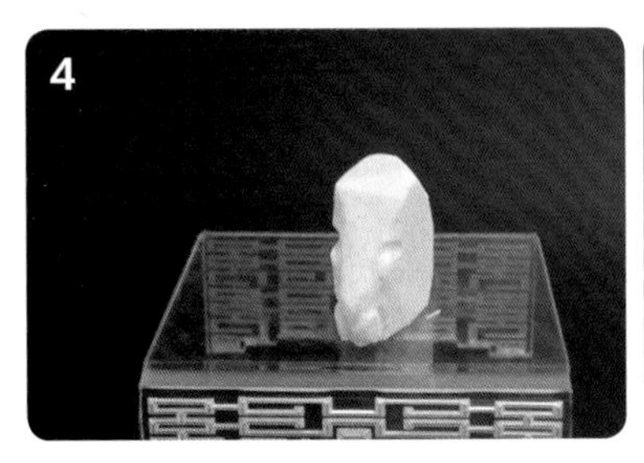

4

5

6

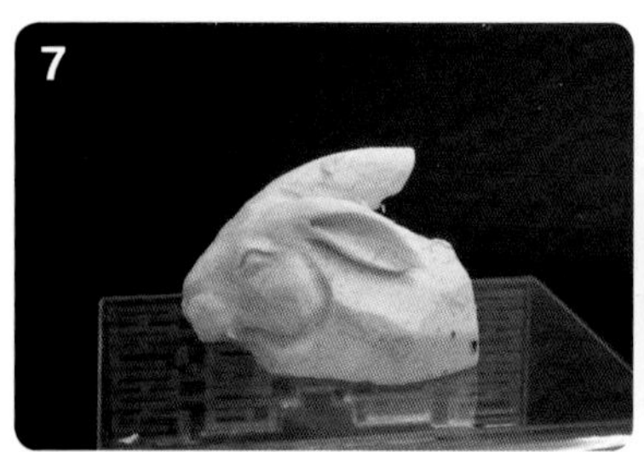
7

8

9

10

11

12

13

14

15

16

17

1.取一块香芋，切成侧面呈三角梯形、前窄后宽的料坯。
2.在眼睛与嘴的位置用主刀修出凹凸的面，为脸部器官大致定位，同时使脸部器官增加立体感。
3.用小号U形戳刀戳出嘴唇与眼眶的轮廓。
4.刻出三瓣形的嘴，并修整出鼻梁与面颊的轮廓。
5.在梯形料上用小勾刀细致地勾出脸的轮廓，并使腮部呈饱满、鼓起的形状。
6.在梯形料上端用戳刀开出耳朵的大形，并用主刀修去周边的废料使头部的器官初具轮廓。
7.细致地刻出眼睛，掏空耳朵，并进一步调整与修饰兔子头的细节，基本完成头的雕刻。
8.另取一块较大的香芋作为兔子的身体，确定大致的长度与宽度后，再在前端切一平面粘拼好兔子头。
9.用水彩笔描绘出躯干与四肢的轮廓。
10.用主刀修整出背部与臀部的大致形状，并用勾刀刻出前肢与后腿的轮廓。
11.刻出兔子的颈、背、臀、前肢、腹部及后腿的轮廓。
12.装上尾巴，并用主刀细致地将其向上修光滑。
13.兔子侧后面的视觉图。
14.用细竹丝做出兔子的胡须。
15.细致地修饰兔子的眼睛、鼻子、嘴和腮等。
16.另取少量的胡萝卜与青萝卜雕刻粘接成一个小萝卜。
17.刻一个祥云底座，组合完成整个作品。

鹿

鹿自古以来被人们视为健康、幸福、吉祥的象征。鹿的体形中等，性情机警，行动敏捷，擅长攀坡跳跃，跳跃时动作轻快迅捷、姿态优美潇洒。雕刻鹿时需注意鹿的额头略圆，颜面部较长，鼻端裸露，眼大而圆，耳长且直立，颈部较长，四肢细长，主蹄狭而尖，侧蹄小，尾巴短。

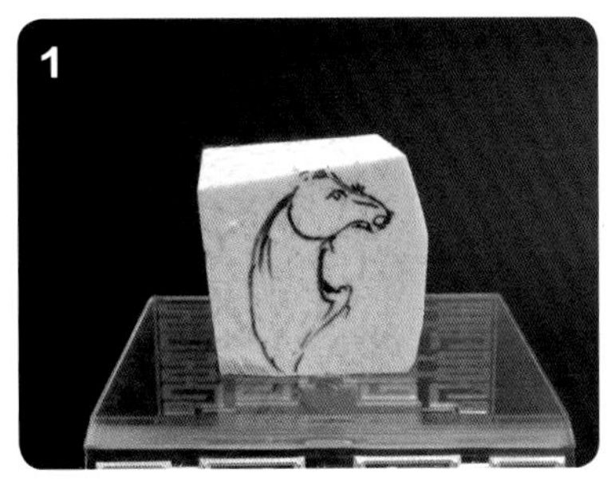

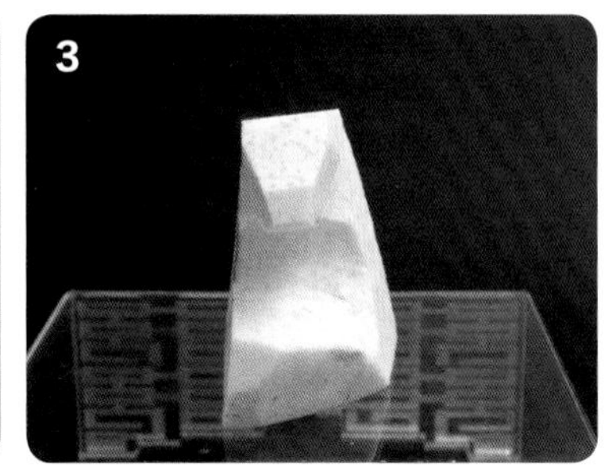

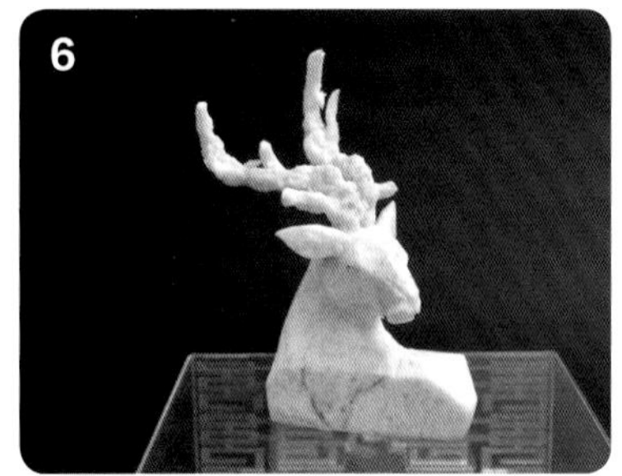

制作过程

1. 取一块香芋并切成长方块形，在两侧适度削薄使其横断面呈前窄后宽的梯形，并用水彩笔描绘出头到颈的大致轮廓。
2. 用主刀沿轮廓线抠去多余的料，取出鹿头到颈部的坯体。
3. 将刻嘴部位的两侧适度修薄。
4. 取两块小料刻出鹿耳的大体形状后粘接在坯体上。
5. 在眼睛与嘴的位置用主刀修出凹凸的面，为脸部器官大致定位，并使脸部器官增加立体感。用小号U形戳刀戳出嘴唇与眼眶的轮廓。
6. 刻嘴唇并修整出鼻梁与面颊的轮廓，用小勾刀细致地勾出脸的轮廓，并使腮部呈饱满、鼓起的形状；另刻一对鹿角并粘接好。
7. 在梯形料上端用戳刀开出耳朵的大形，并用主刀修去周边的废料使头部的器官初具轮廓。细致地刻出眼睛，掏空耳朵，并进一步调整与修饰鹿头的细节，基本完成头的雕刻。

制作过程

8.另取一块较大的香芋作为鹿的身体，确定大致的长度与宽度后，再在前端切一平面粘拼好鹿头。
9.用主刀修整出背部与臀部的大致形状，并用勾刀刻出前肢与颈胸部的轮廓。
10.用水彩笔描绘出躯干与四肢的轮廓。
11.刻出鹿的颈、背、臀、前肢、腹部及后腿的轮廓。
12.装上尾巴，并用主刀细致地将其向上修光滑。
13.基本完成鹿的造型。
14.另取少量的胡萝卜与青萝卜雕成灵芝与云朵点缀在鹿的周边，修饰调整后完成整个作品。

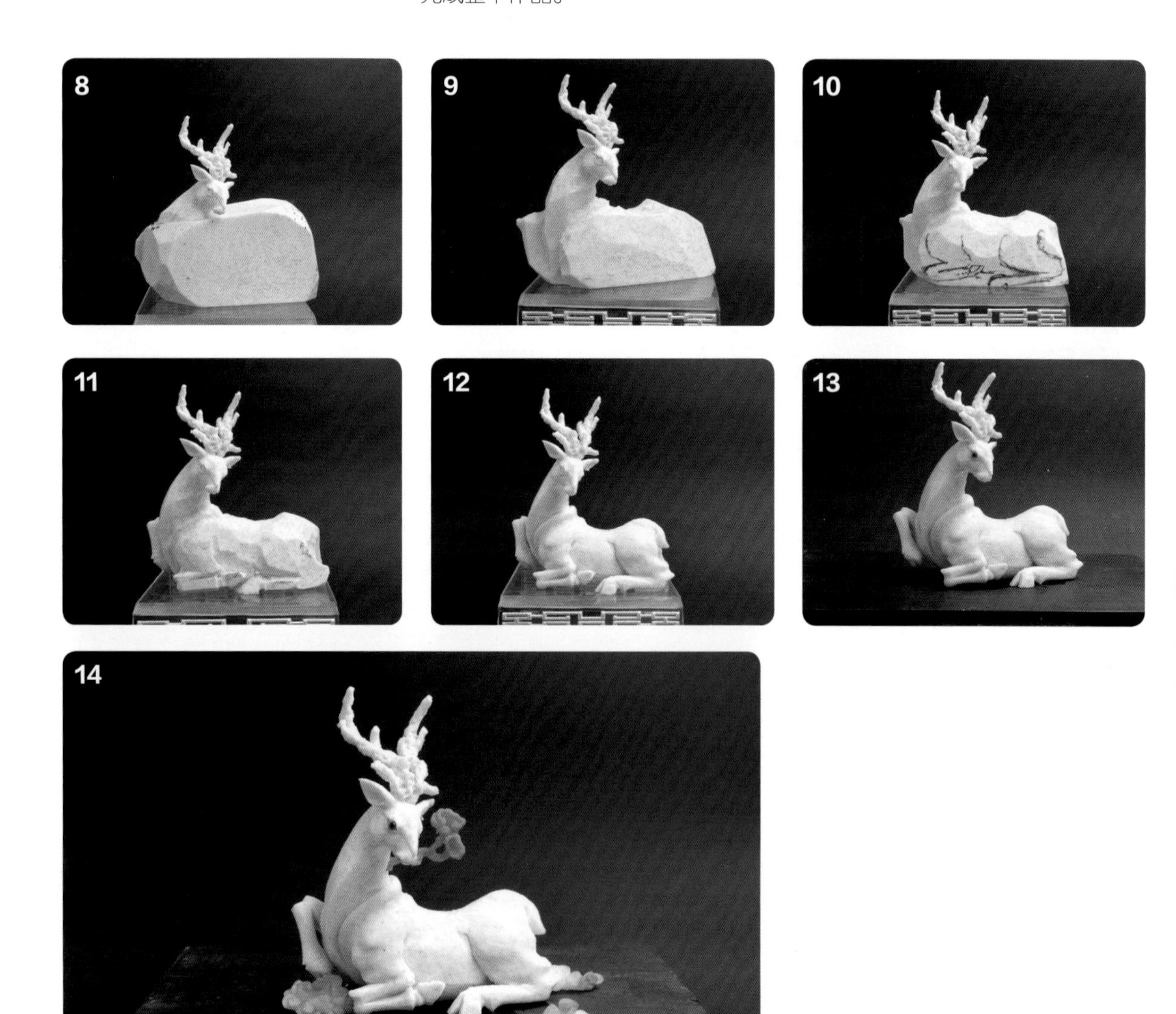

围边制作实例与欣赏

WEIBIAN ZHIZUO SHILI YU XINSHANG

雕刻盘饰

结合雕刻制作的中式盘饰，讲究精雕细刻、形象逼真具体，在盘中的摆放也要中规中矩，尽量像画一幅工笔画一样做到精美细腻。

（一）雕刻围边制作实例与欣赏

探 春

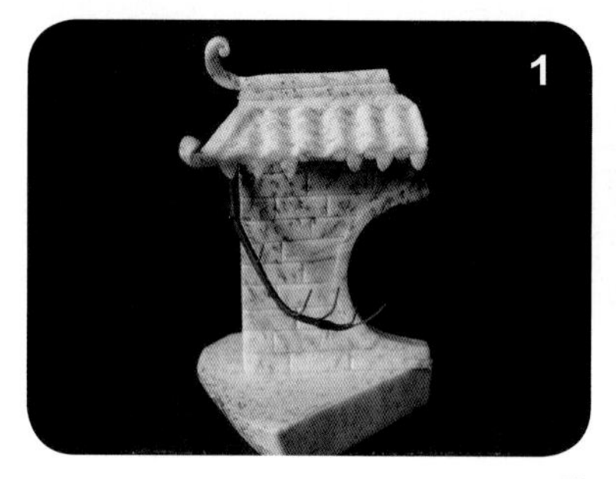

原 料

香芋、心里美萝卜、青萝卜、南瓜、法香、花艺铁丝、绿胶纸

操作步骤

1. 用香芋雕成一个残缺的圆洞墙门，安上底座。将花艺铁丝绞合在一起后绕上绿胶纸，做成藤蔓由墙内向外伸出的样子。
2. 用南瓜与心里美萝卜雕粘成凌霄花苞，做好3～4个。
3. 把心里美萝卜刻成花瓣，将南瓜与心里美萝卜粘成凌霄花，做好3～4个。另用青萝卜皮刻成几片叶子与小草。
4. 在藤蔓上安装花朵、花苞与叶子，在墙脚边粘上小草。
5. 将作品放入盘中，放上点缀用的法香，调整造型。

月季花

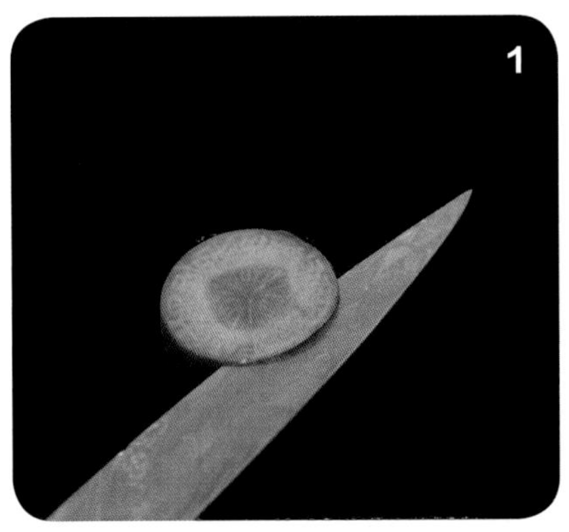

原 料

胡萝卜、心里美萝卜、香芋、青南瓜皮、树枝

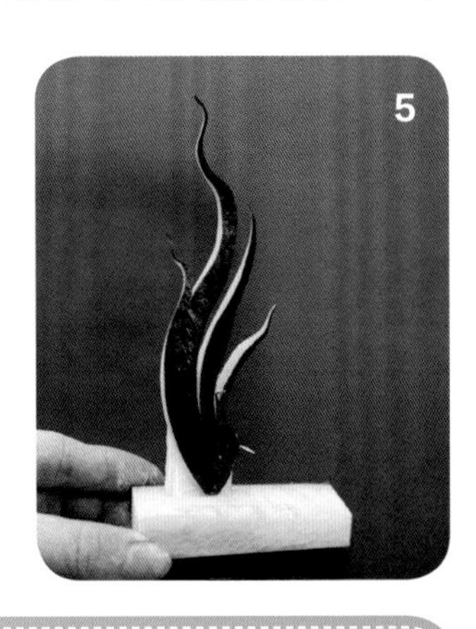

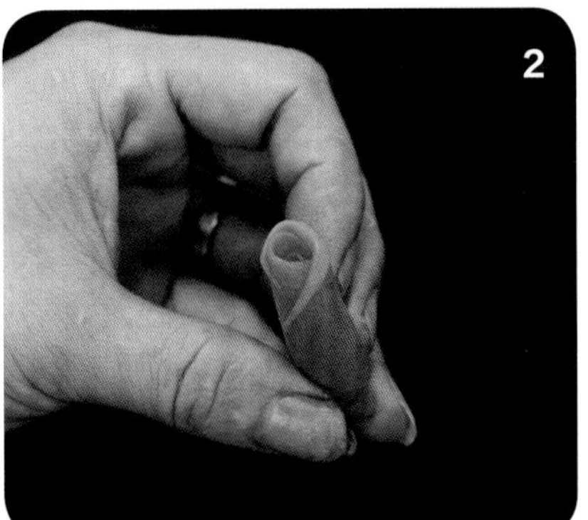

操作步骤

1. 将两种萝卜削成圆柱形后批成厚薄均匀的片。
2. 从中心开始卷包花朵，开始尖而紧，逐层加宽折边，调整形状。
3. 做好一朵胡萝卜花。
4. 再做一朵心里美萝卜花。
5. 用青南瓜皮刻一个抽像的树枝，安在底座上。
6. 将作品组装完成。

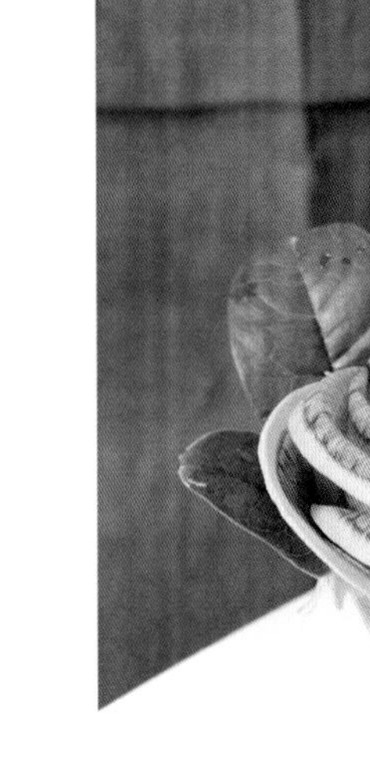

凌波仙子

喜逐春露

相依相偎

云端飞鹤

平平安安

蝶舞枝头

花为媒

莲趣

嬉戏

寻觅

春网

蒸蒸日上

花开二度

福禄双全

争鸣

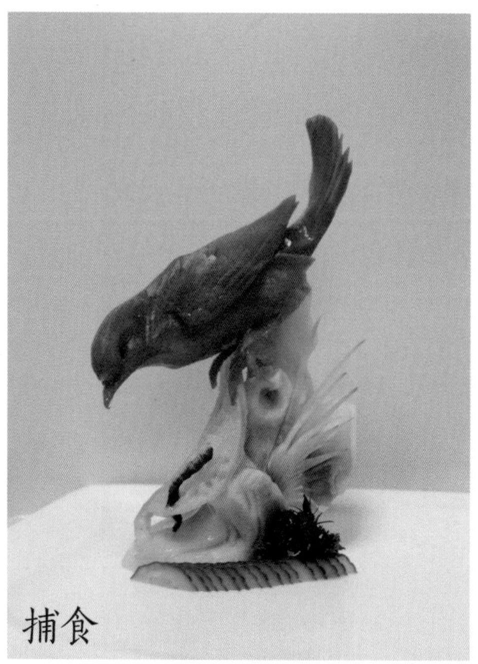

捕食

怒放

心心相印

节节高升

勇立潮头

相依相偎

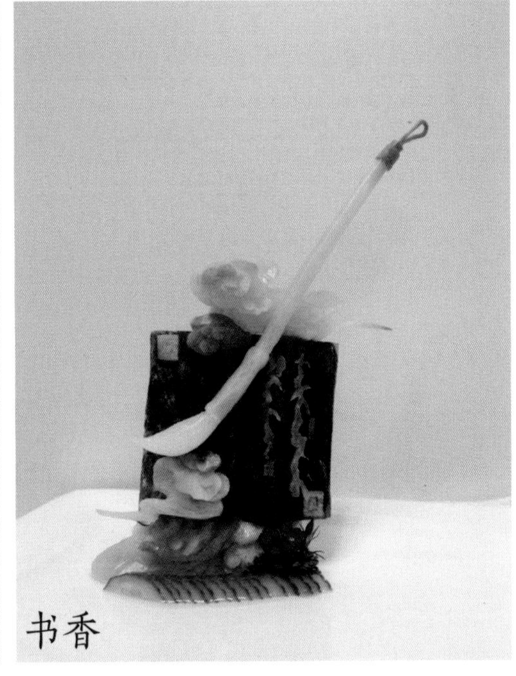

书香

平步青云

荷塘春色

萌芽

生生不息

沙漠绿洲

糖艺盘饰

糖艺作品具有色彩鲜艳、质感剔透、光泽度好等特点，是具时尚感的盘饰。糖艺作品不仅本身造型美观、表现力强，而且既能供人欣赏又能食用，因此深受人们的喜爱，在中式菜肴的装饰中得到越来越多的应用。

（二）糖艺盘饰制作实例与欣赏

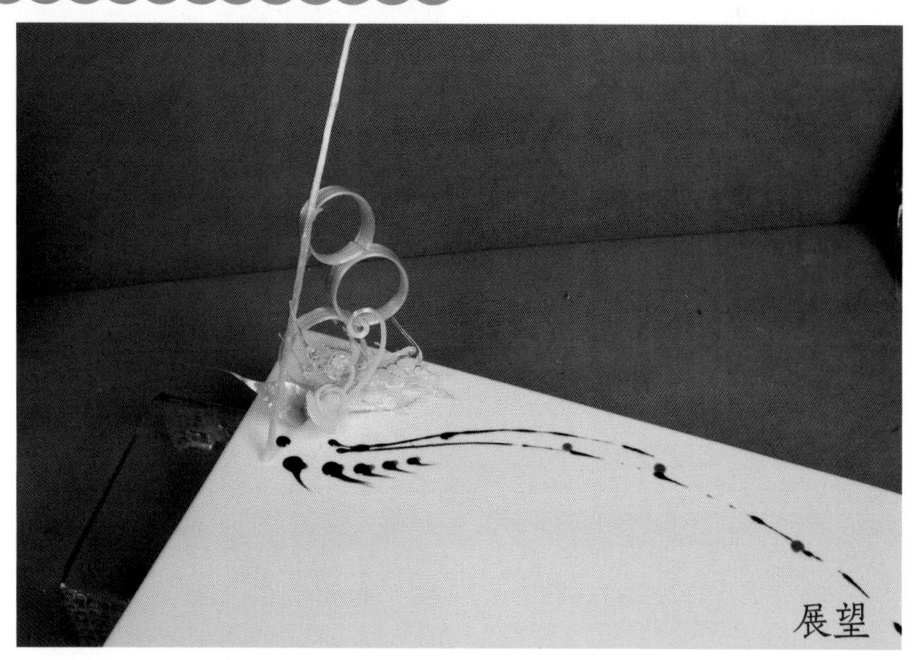
展望

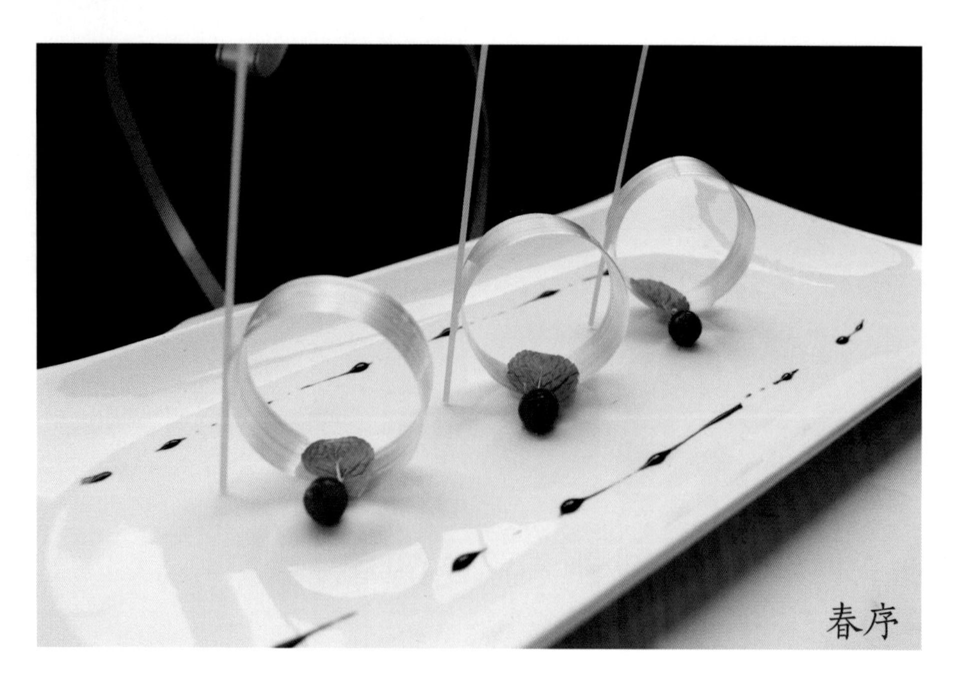
春序

春华

秋实

果萃

心意

追寻

萌发

马蹄小景

菊意依然

生长

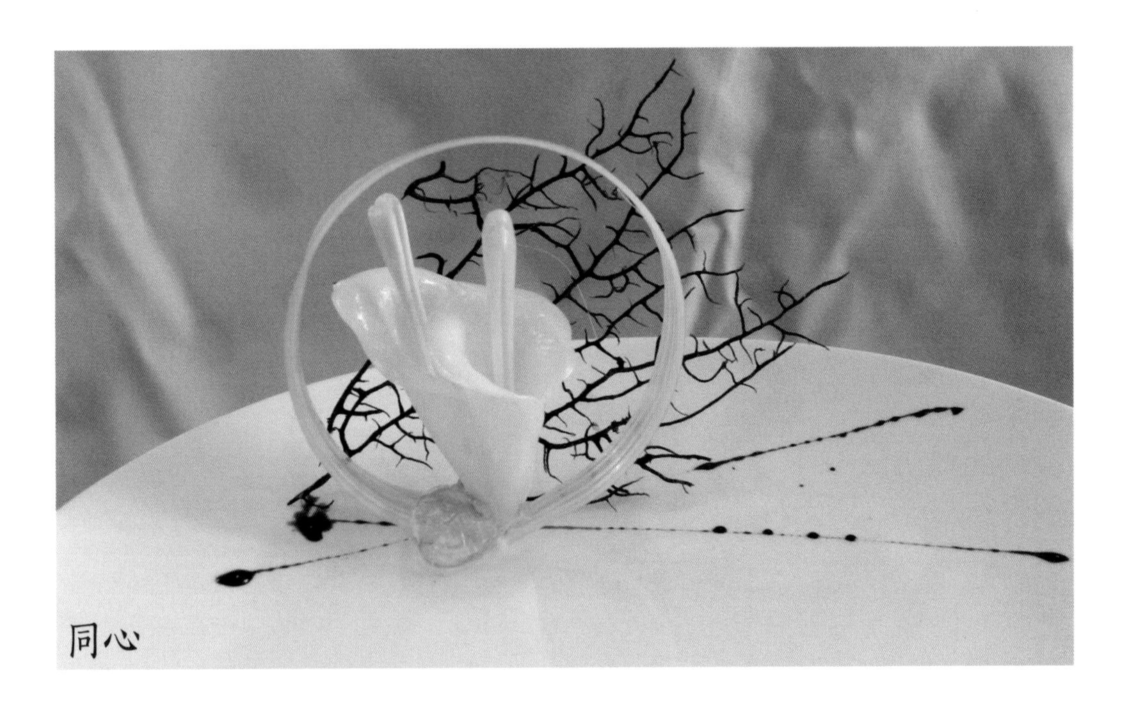
同心

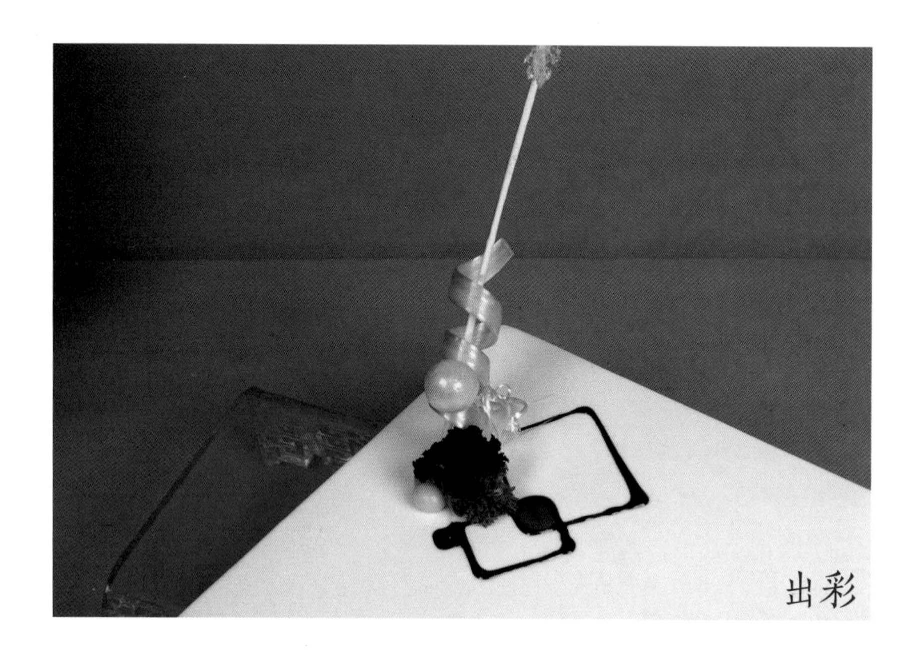
出彩

群英会

彩趣

百合花开

樱桃坠枝

橘意

樱坠枝头

春与秋

紫樱

同心

含苞

盘旋

粉樱

樱花

荷趣

丰收

桃红

硕果

of Pleasure Building.
st for two persons
the gymnasium

（三）小雕制作实例与欣赏

（四）心里美作品制作实例与欣赏

（五）刺身围边制作实例与欣赏

静谧花间

荷趣

莲趣

妙莲
丛生

繁花
似锦

幽兰醉心

（六）时尚元素围边制作实例与欣赏

西式盘饰　利用各种可食用的水果或蔬菜原料以及一些美丽的花卉等进行切配组合成一定图案后放置在盘子中心或一侧，有时也各果酱画相结合使用。在西式盘饰中不需要特别精细的雕刻或者说很少用到雕刻，其造型特点是比较简单、抽象，充满意境美、曲线美。看似简单随意实则需要制作者具有良好的审美观与一定的美术功底。成品充满了梦幻般的美感，所以说西式盘饰围边是一种经过加工的艺术，是一门经过提炼的艺术。

名　称	相伴
原　料	黄瓜、巧克力棒、法香、树枝、土豆泥、巧克力酱汁
制作过程	
	1. 将黄瓜切段后用小刀将一刀割成锯齿状，去掉废料后将皮与肉部分剖开并净皮向外展开。 2. 用酱汁壶将巧克力酱汁在平盘的一侧画上几根线条。 3. 将黄瓜竖放，边上挤上土豆泥。把巧克力棒一头插在土豆泥上，一边斜靠在南瓜上。边上插上树枝与法香，用酱汁在作品周围作少量的点缀即成。

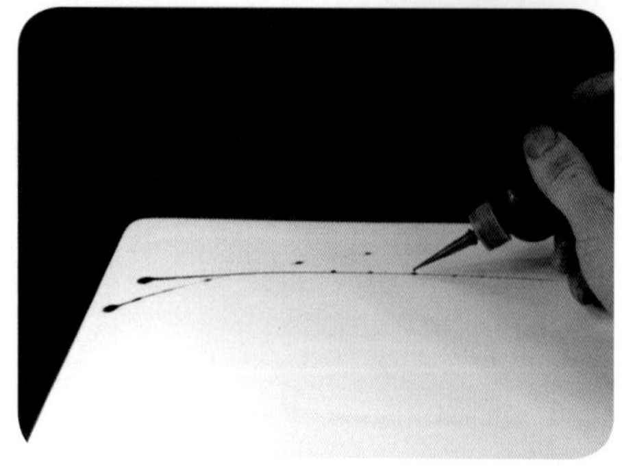

作品用途：适用于各种点心及不带汤汁的菜肴的围边。

小 提 示：分割黄瓜时各瓣的大小要均匀。

名　　称	莲蓬
原　　料	鲜莲蓬、法香、铜钱草、土豆泥、荷花瓣、小花两朵、巧克力酱汁
制作过程	

1. 准备好制作所需的原料。
2. 在平盘的边角侧用巧克力酱汁画上线条，在适当位置挤上土豆泥后把莲蓬挖去莲子后粘在土豆泥上。
3. 把两片铜钱草叶子插在莲蓬的后边，根部用法香围住，把小花放在前面适当位置作点缀即成。

作品用途：适用于各种中式冷菜、热菜菜肴的围边。

小 提 示：莲蓬要挑选皮色翠绿的，现做现用防止莲蓬上刀口变色。

名　称	荷韵枫香
原　料	枫叶、青豆、荷花瓣、巧克力酱汁、土豆泥
制作过程	

1. 准备好各种材料。
2. 在盘子的大折边上用巧克力酱汁画上线条，在线条的交叉处用裱花嘴将土豆泥挤成宝塔形花，在边上放上青豆点缀。
3. 在土豆泥前端插上一片荷花花瓣。
4. 在土豆泥的上方插上枫树的枝叶。

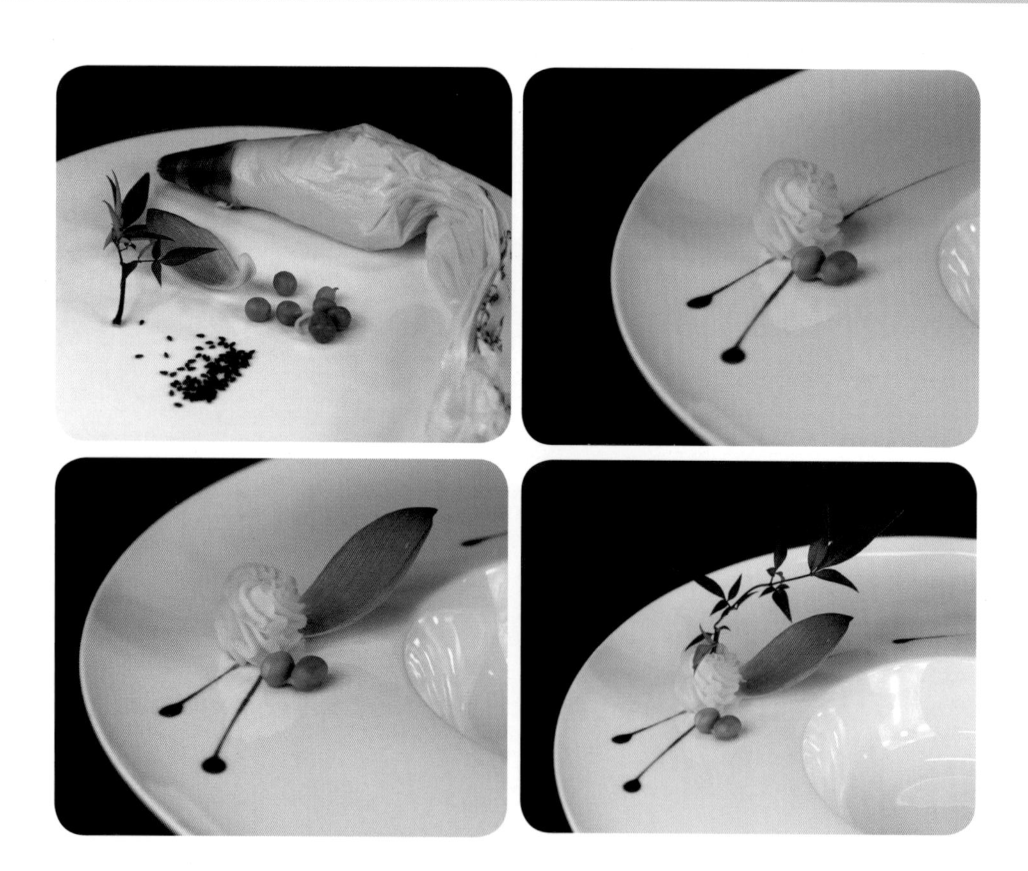

作品用途：适用于中式各种带汤汁的位上菜肴。

小 提 示：因盘子盛装菜肴处较低，所以作品不可做得过于高大。

名　　称	扬帆起航
原　　料	巧克力花片、土豆泥、红尖椒、蕨菜叶、草珊瑚、巧克力酱汁、巧克力棒

制作过程

1. 准备好制作所需的材料。
2. 在圆平盘的一侧用巧克力酱汁画上线条，放上红尖椒圈作点缀，在线条交汇处用土豆泥挤上螺旋形底座。
3. 把巧克力花片斜插在土豆泥上，两侧各插上巧克力棒。将蕨菜叶与草珊瑚插在下方做好造型。

作品用途：适用于各式中、西菜肴的装饰，也可用于商务宴席。

小 提 示：制作时要动作麻利，巧克力不宜长时间拿在手中的。

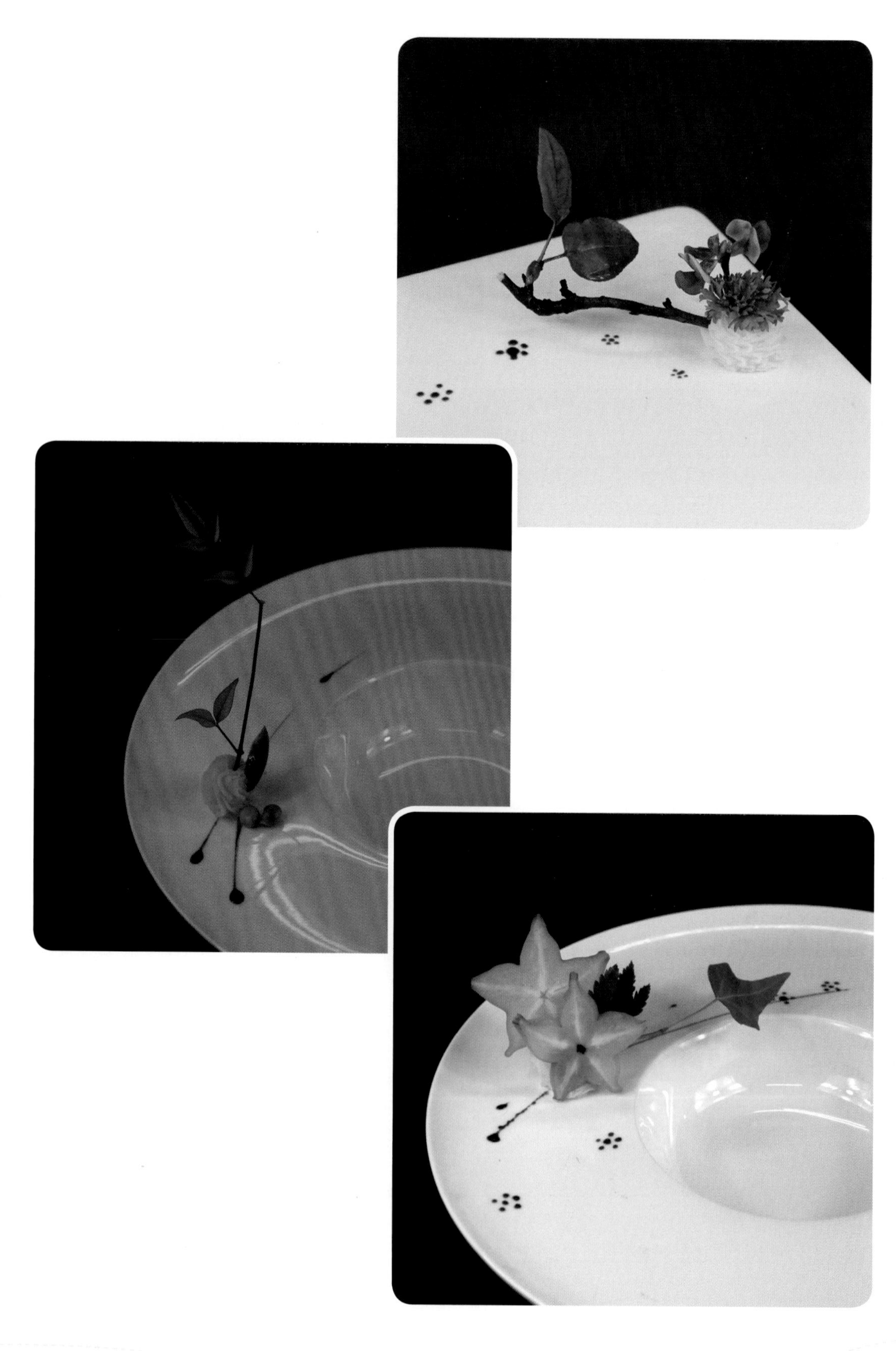

果酱盘饰　现在餐饮业中流行的菜肴装饰技术，就是用各种酱汁，有盘边画成美观漂亮的图案，用于装饰菜肴的方法。图案可以是简单的装饰花纹，抽象的曲线，也可以是写意的花鸟鱼虫，或是优美飘逸的中英文书法。看似简单快捷的图案总能给菜肴增光添彩。果酱盘饰具有制作过程快捷方便面，对操作者而言技术难度低可操作性强的优点。经餐饮工作者不断的研究创新，花样越来越多，技法也越来越成熟，在当今的餐饮业中大为流行。

（七）酱汁围边制作实例与欣赏

春韵

相随

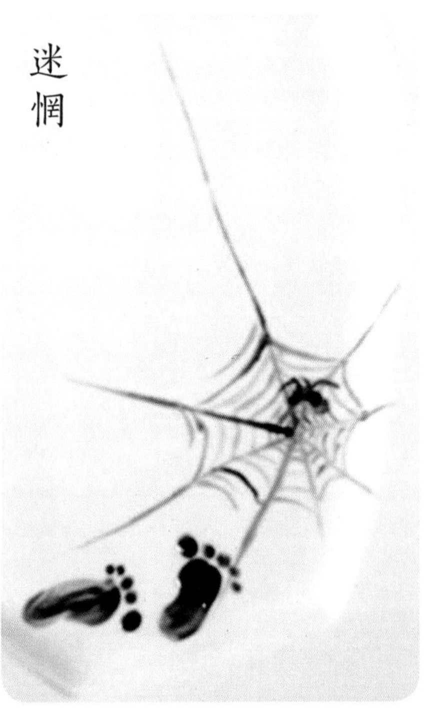

迷惘

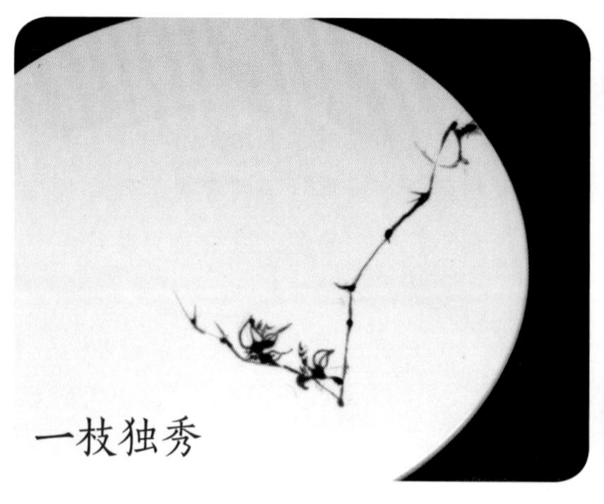
一枝独秀

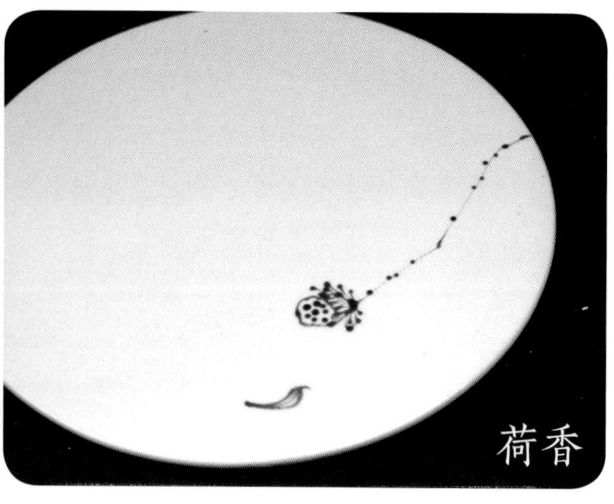
荷香

硕果累枝

闹春枝

鱼戏池间

长荷秋色

竹报平安

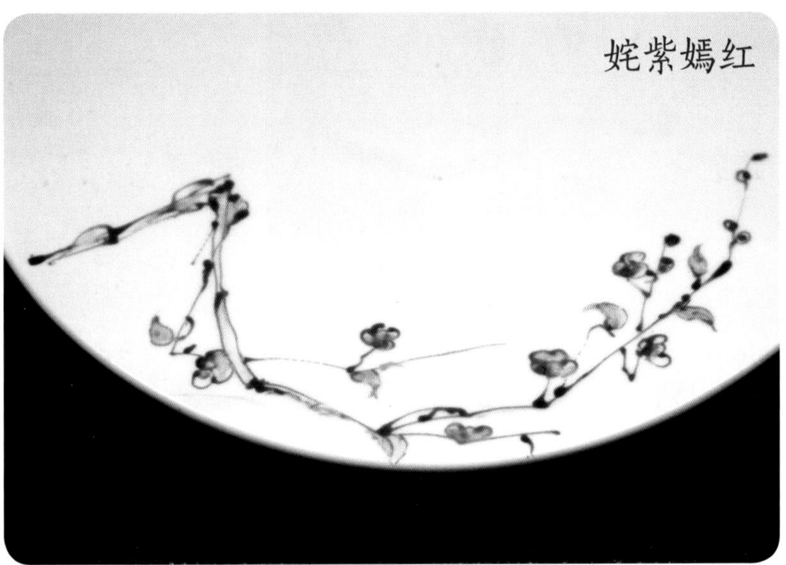

力争上游

杏叶金秋

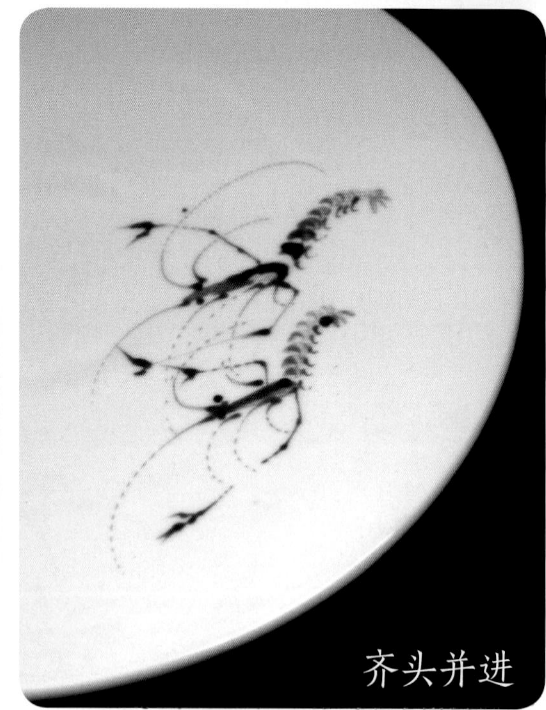
齐头并进

四

雕刻作品欣赏

DIAOKE ZUOPIN XINSHANG

傲然雄风

莲鹭清白

学生作品　（郑艺）

春溢琼浆

破浪而行

丹凤牡丹

硕果累累

一统江山

福禄大吉

白鸽

连年有余

鹦鹉水桶

相依相伴

双雏戏杯

惜春

和

文字咬嚼

白鹭为霜

齐心协力

一品禅茶

清 莲

蜜园甜家

豆蔻年华

马到成功

雀屏之选

童趣

荷香满园

回梦唐朝

学生作品
（郑艺）

龙涛雄逐

群芳争艳

喜从天降

门前屋后绿油油，
四季飘香入画楼。
桃树花开红艳艳，
石榴果熟滑溜溜。
芭蕉蔽日垂长吊，
金桔满枝挂彩球。
殷菜细心开富路，
农家老少乐悠悠。

学生作品　（叶挺）

喜从天降

富贵
喜梅

竹报吉祥

江南秋收

西施浣纱

惜 春

鼓舞

恋

菡萏香销翠叶残

龙凤

龙凤呈祥

喜上枝头

四季吉祥

四季西子

饮水思源

跪乳之恩

云霄展翅

春芳
斗艳

荷塘鲤鱼

五 展台作品欣赏

ZHANTAI ZUOPIN XINSHANG

繁花似锦

哪吒闹海

马蹄声声

兰亭集

海底世界

仙女下凡